Hannes Hönegger

DAS GOLDENE KALB

**Ein Plädoyer für Tierwohl
und nachhaltige Landwirtschaft**

Texte: Alexander Rabl
Fotografien: Joerg Lehmann

Brandstätter

Willkommen in meiner Welt!

Es war im Jahr 2012. Ich saß als rechtskräftig verurteilter Straftäter im Hochsicherheitsgefängnis Garsten. Eine meiner wenigen Verbindungen zur Außenwelt war ein Minifernseher. Ich zappte herum und blieb auf einmal hängen. Es war eine Doku, und sie sollte mein Leben verändern: „In 80 Steaks um die Welt" von und mit Ludwig Maurer, damals nannten sie ihn schon den Rindfleisch-Papst.

Wenn man mir damals gesagt hätte, dass ich nicht einmal zehn Jahre später sechs der elf besten Köche Österreichs mit bestem Rind- und Kalbfleisch beliefern darf, hätte ich gelacht. Wenn man mir noch erzählt hätte, dass ich darüber hinaus die Möglichkeit bekommen würde, meine Gedanken zum Thema Landwirtschaft in einem Buch zu veröffentlichen, hätte ich mich am Boden zerkugelt. Im Ernst: Dass diese meine Gedanken vielleicht jemanden interessieren – ich hätte es nie für möglich gehalten.

Nun ist es so weit – das „Goldene Kalb" ist gedruckt, und ich wünsche allen Leser*innen viel Vergnügen damit sowie ein paar aufschlussreiche Erkenntnisse. Es ist nicht bloß ein Buch, es ist eine Lebenseinstellung, ein Statement! Ich möchte mit dieser Einstellung und den damit verbundenen Tätigkeiten einen positiven Beitrag leisten in einer Zeit, in der man das Positive oft mit der Lupe suchen muss.

Eines ist mir klar: Meine Reise steht erst am Anfang, ich bin neugierig, was es im Jahr 2032 zu berichten gibt! Seid dabei, seid gespannt!

Hannes Hönegger

Tinisu heißt diese reinrassige Wagyū-Kuh. Einmal im Jahr bringt Tinisu ein Kalb zur Welt, auf der Weide, wie es sich für sie gehört. Das kleine Stierkalb darf die nächsten sechs Monate bei der Mutter verbringen. Wie es sich gehört.

Mit den Hofkatzen aufstehen

Es ist kurz vor fünf und vor Anbruch der Dämmerung. Die Katzen am Tromörthof sind bereits auf den Beinen und wieseln aufgeregt durch die Gegend. Im winzigen Schlachtraum brennt Licht. Hannes Brugger, Hofmetzger bei Hannes Hönegger, trägt den weißen Overall und die Lederschürze, die Berufskleidung des Metzgers. Er und seine Arbeit sind der Grund für die Aufgewecktheit der Katzen. Hannes Brugger sagt: „Sie wissen, wenn geschlachtet wird. Das ist für sie ein Höhepunkt." Zwei Scheinwerfer nähern sich. Sie gehören zum Wagen des Bauern, der in einem kleinen Anhänger zwei drei Monate alte Kälber eingepackt hat. Jetzt geht alles ziemlich schnell. Der Bauer führt das erste Kalb in den Schlachtraum, bevor das Kalb die neue Umgebung registriert, es sieht ja schlecht, übernimmt Hannes mit beruhigender Stimme und zärtlicher Hand. Die zweite Hand greift zum Bolzenschussgerät. Ein knappes und kurzes Tak, wie wenn eine Haustür zuschlägt.

Eine der Hauskatzen wird vor dem Eingang zum blitzsauberen Mini-Schlachthaus der Höneggers in Kürze Position beziehen und laut hörbar miauen, während dem toten Kalb die Haut abgezogen wird. Was ist das Wichtigste an Hannes Bruggers Beruf, wann hat er seinen Job gut gemacht? Er überlegt nicht lange: „Wenn das Tier nichts gespürt hat." Wenn das Kalb nach dem Tak noch mit den Beinen zuckt, sind das die Reflexe der Nerven, vergleichbar dem Huhn, das noch auf dem Bauernhof herumläuft, obwohl

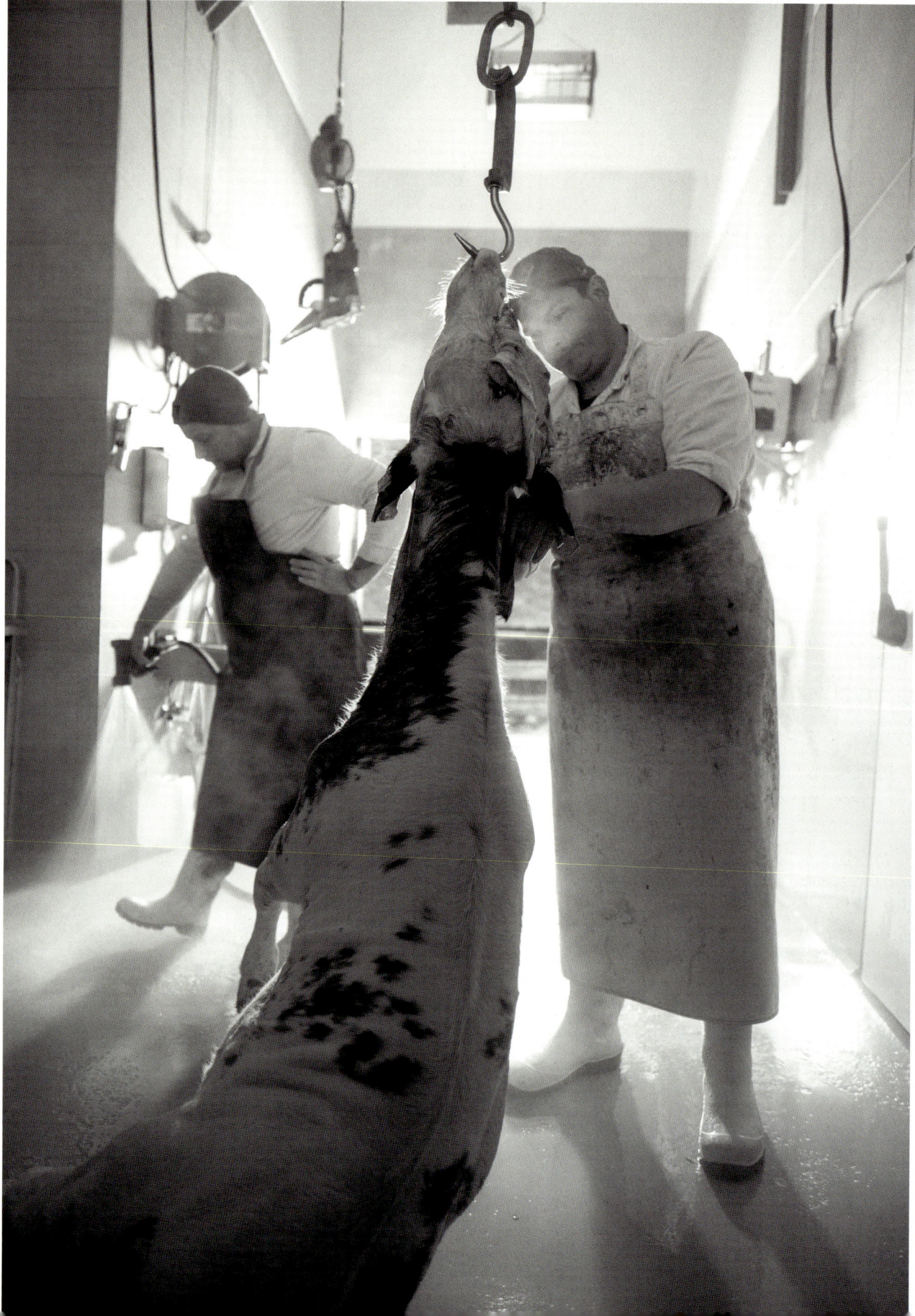

man ihm den Kopf abgeschnitten hat. Hannes sagt: „Was würde die ganze Bio-Aufzucht nützen, wenn das Tier kurz vor dem Tod Stress hat." Die beiden Metzger Hannes und Hannes gehen mit kleinen, scharfen Messern an die Arbeit. Das Kalb hängt am Hinterbein an einem Haken, durch einen Schnitt am Hals fließt das warme Blut. Mit heißem Wasser wird nachgespült, überhaupt ist der Schlachtraum so sauber wie das Behandlungszimmer eines Zahnarztes. Präzise wie ein Chirurg schneiden die beiden durch die Haut, trennen Gelenke, bevor sie mit einem Handgriff Knochen brechen. Ansonsten ist es im Schlachtraum still, kein Radio läuft im Hintergrund und es wird kaum gesprochen. Das Schlachten als sakraler Prozess. Ein Akt der Demut gegenüber dem Leben und Sterben eines Tieres.

Das Geräusch, das die kleinen, scharfen Messer machen, ist, wie wenn man Karton schneidet. Der Geruch im Schlachtraum ist zart milchig, ein wenig Blutaroma mischt sich darunter. Später, wenn es an die Eingeweide geht, wird das Kalb am Kopf aufgehängt und das Innere mit ein paar Schnitten freigelegt. Es dauert nicht länger als zehn Minuten, bis das Kalb komplett zerlegt ist und die Eingeweide an ihren Haken hängen. Die Lunge zuckt noch ein bisschen, und obwohl niemand Freude verspürt, wenn ein Tier stirbt, wecken die Niere in ihrem Fett, das Herz, das Kalbsbries und die Leber Gedanken daran, wie es sein muss, diese topfrischen Innereien in der Pfanne oder in einer Brühe zuzubereiten. Ein Schnitt, und die Luftröhre ist vom Gehänge, zu dem die Lunge gehört, getrennt. Hannes Brugger wirft sie den Katzen zu. Ein Festessen um 5 Uhr 30 morgens. Die Katzen kennen Hannes, der Metzger, von kräftiger Statur, ist für sie der gutmütige Riese vom Berg.

Ein weiteres Kalb und etwas mehr als eine halbe Stunde nachdem das erste Kalb durch Bolzenschuss starb, ist ein elf Monate alter Stier an der Reihe. Ein archaisch wirkendes Prachtexemplar – ein Nitsch-Gemälde, das nur ein paar Minuten zu sehen sein wird, bis auch der Kopf des Stiers neben seinen Eingeweiden am Haken hängen wird und sein Fleisch in die Kühlkammer wandert.

„Schon auf den ersten Blick erkennt der Metzger, was ein Rind wert ist. Er merkt es beim ersten Schnitt, am Fettgehalt, welche Kategorie, welche Reifung es braucht", erklärt Hannes Brugger.

Die zweite Hand greift zum Bolzenschussgerät. Ein knappes und kurzes Tak, wie wenn eine Haustür zuschlägt.

Natürlich würde in den großen Schlachthöfen das Fleisch schnell gekühlt, lange reifen darf es aber nicht. Da würden die Kapazitäten an Kühlhäusern fehlen.

Die beiden Hannes arbeiten zügig. „Aus Innereien mache ich mir nicht viel", erzählt Hannes Brugger, „höchstens mal ein Beuschel." Wie und warum entscheidet man sich für den Beruf des Metzgers, wenn man nicht aus einer Metzgerfamilie kommt? „Ich wollte schon mit zehn Jahren Metzger werden. Meine Verwandten haben alle studiert." Er, der in Zederhaus wohnt, etwa eine halbe Stunde von Tamsweg entfernt, an der Tauernautobahn, sei der einzige Handwerker in der Familie.

Der kleine Schlachthof, Anschaffungswert rund eine Million Euro, ist die Antithese zu den Großschlachthöfen, die auf Effizienz ausgerichtet sind. Hannes Hönegger moniert: „Dort gibt es die Schlachtstraßen, und jede Mitarbeiterin, jeder Mitarbeiter setzt einen und immer den gleichen Schnitt, andere betätigen nur noch Knöpfe, mit denen sie Knochensägen und andere Maschinen steuern." Am Tromörthof ist das Schlachten eines Tieres gleichermaßen schonende wie präzise Handarbeit, vergleichbar mit der Arbeit eines Maßschuhmachers. Hannes Hönegger erklärt einen beliebten Metzgerbrauch: „Dieses Gelenk teilt man an der Stelle ab, wo sich zwei Knochen befinden", sagt er und deutet auf ein Gelenk im Hinterbein des Jungstiers. „Gleich dahinter aber befindet sich eine Stelle, an der man auch einschneiden kann, da sind es drei Knochen. Wer diese Stelle mit den drei Knochen erwischt, zahlt dem anderen eine Kiste Bier. Unser Biervorrat hier ist groß."

Der Darminhalt des Jungstiers wird in die Schaufel eines kleinen Traktors abgefüllt, er dient später als Düngung auf den Feldern rund um den Hof der Familie Hönegger. „Optimale Qualität", weiß Hannes Hönegger. Die Katzen knabbern an den letzten Resten Fleisch und Fett von den Häuten der Kälber und des Jungstiers. Für sie hat sich das frühe Aufstehen gelohnt. Kälber und Stier sind im Kühlhaus. Der gute Riese genehmigt sich ein Bier. Es ist 6 Uhr 30 am Morgen und über dem Tal geht langsam die Sonne auf.

Der Schlachtraum ist ein moderner Hochsicherheitstrakt der Hygiene und der Sauberkeit.

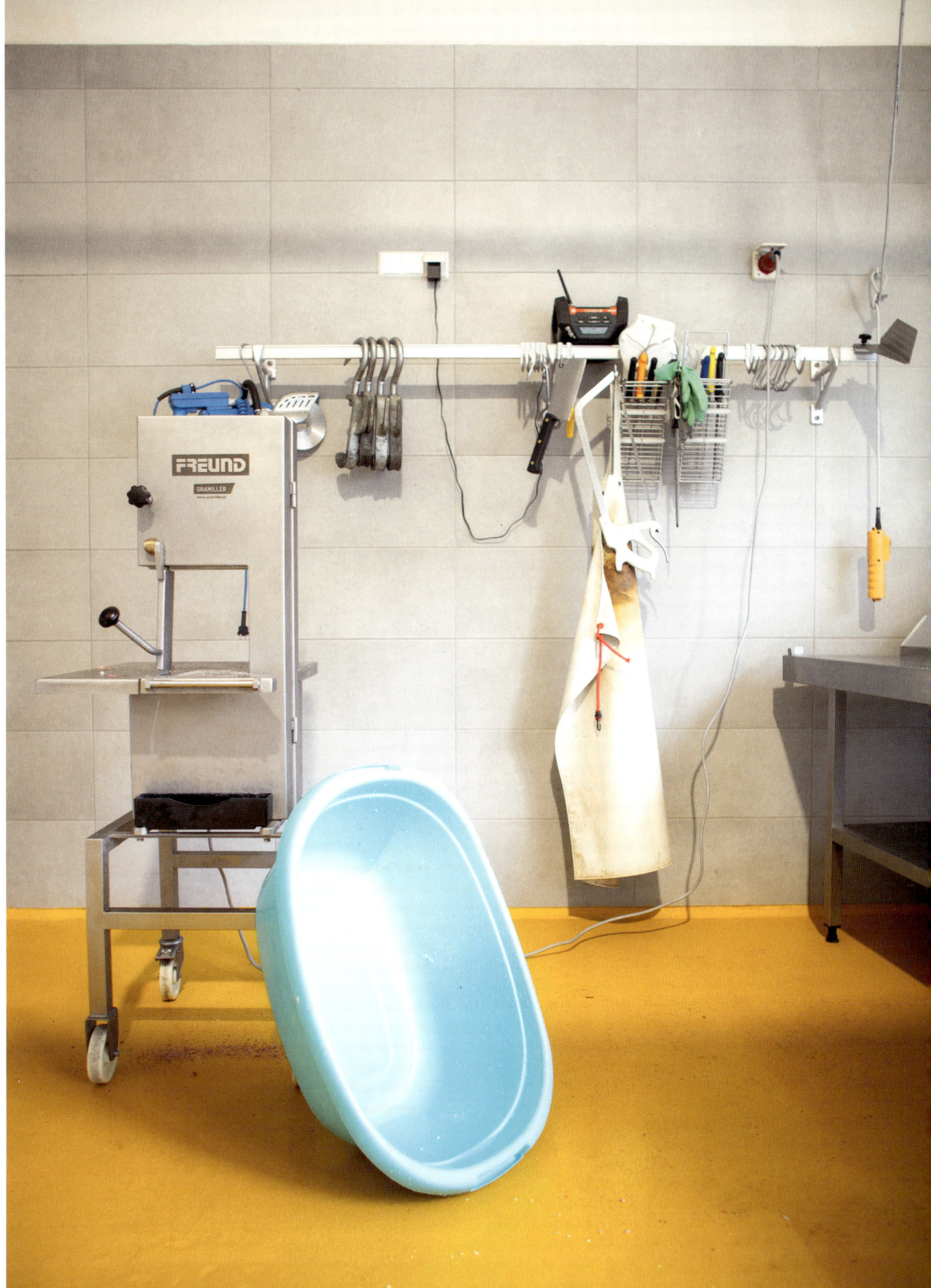

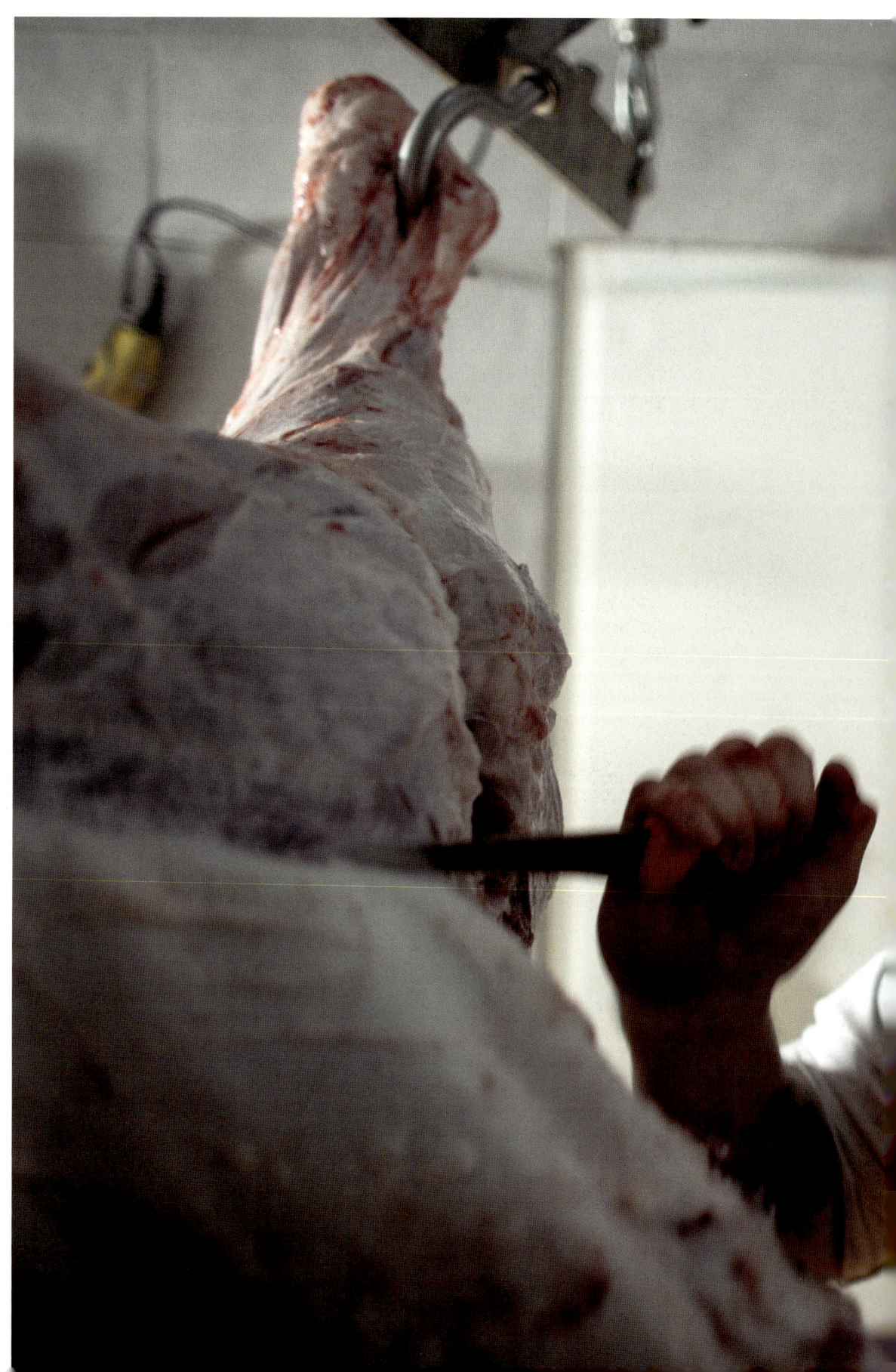

Lungau – Brüssel – Berlin – Lungau

Gerade hatte ich noch Champagner an der Bar des Grill Royal, und am nächsten Tag wache ich mit dem grausam schlechten Morgenkaffee im Gefängnis in Moabit auf. So erinnere ich mich an die Zeit in Berlin. Es war eine Achterbahnfahrt. Sie brachte mich in Höhen, dann in Tiefen, und als ich mit 300 unterwegs war, knallte ich gegen eine Wand. Aber vielleicht erzähle ich es besser der Reihe nach.

Ich wurde vor 37 Jahren im Lungau geboren, einer der beschaulichsten Regionen Salzburgs, wo man Industrie oder Massentourismus nur aus dem Fernsehen kennt. Meine Eltern waren beide jung (17), besuchten dieselbe Schulklasse. Das klingt jetzt schon wie eine Nachmittags-Fernsehserie – Sturm der Liebe im Lungau. Zum Drehbuch passend: Meine Großeltern entstammen einer Försterfamilie, der uneheliche Sohn muss daher wohl eher als Skandal gelten denn als Wunschkind. Dennoch war die Liebe des Förster-Opas und seiner Frau so groß, dass ich im Forsthaus meiner Großeltern eine sehr wohlbehütete Kindheit verbringen durfte. Meine Mutter widmete sich ihrem Studium, mein Vater war auf und davon, mittlerweile ist er, soweit ich weiß, Direktor eines Wiener Gymnasiums.

Ich kann mich an meine Kindheit nicht sehr gut erinnern. Aber alle Erinnerungen, die da immer wieder aufpoppen, sind positiv. Meine Großmutter war es, die meine Entwicklung am stärksten

Wenn es heißt, dass manche Menschen unter Druck am besten funktionieren, dann bin ich sicher einer von diesen.

geprägt hat, eine intelligente, weltoffene Frau, die eine sehr leistungsorientierte Erziehung erfahren hatte, ich erinnere mich daher sehr gut an den Druck, den sie ausübte – sei es in der Schule oder beim Sport. Gut zu sein, an die Grenzen des Möglichen zu gehen, Ehrgeiz und das alles, das war immer wichtig für die Oma. Ich habe diesen Druck dann bald lieben gelernt – vielleicht ein Stockholm-Syndrom – und er ist die Grundlage meines heutigen Alltags. Wenn kein Druck von außen kommt, dann sorge ich selbst dafür, durch neue Ideen, neue Konzepte – und ihre sofortige Umsetzung. Wenn es heißt, dass manche Menschen unter Druck am besten funktionieren, dann bin ich sicher einer von diesen.

Mit Landwirtschaft hatte ich nie etwas am Hut. Obwohl mein Großvater aufgrund seines Försterberufs sehr viel mit Bauern zu tun hatte, interessierte ich mich keineswegs dafür. Es war damals, wie man so sagt, eine andere Welt für mich. Ich habe auch nie verstanden, warum denn der Lungau schöner sein sollte als andere Orte. Die Landschaft und ihre einnehmende Schönheit ließen mich gleichgültig. Das sollte sich zu einem späteren Lebenszeitpunkt ändern.

Meine frühe Schullaufbahn kann man als unspektakulär bezeichnen. In der Volksschule war ich sehr gut, etwas anderes wurde nicht erwartet. Mein Urgroßvater sagte einmal zu mir, ich war circa zehn Jahre, er sei sehr stolz auf mich. Immerhin sei ich blond und hätte blaue Augen sowie einen gesunden Körper. Turnvater Jahn lässt grüßen. Ich sei bereit, in seine Fußstapfen zu treten, so mein Urgroßvater, und wenn es nach ihm ginge, würde ich nach dem Gymnasium eine Lehre bei Volkswagen machen dürfen! Mit der Unterstufe im Gymnasium hat es noch locker geklappt. Danach wurde es schwierig, die eingeschlagene Laufbahn und das, worauf ich Lust hatte, waren verschiedene Dinge. Gerne wäre ich in eine Hotelfachschule gegangen, der Beruf des Kochs hat mich seit der Kindheit fasziniert. Aus der Hotelfachschule wurde die Handelsakademie – und die war eher das Horrorszenario unter meinen damaligen Vorstellungen! Vom Rechnungswesen-Unterricht habe ich noch 20 Jahre danach richtig Albträume. Interessant, dass viele Erwachsene die Sache mit dem Rechnen und der Mathematik in der Schule in ihren Träumen bis ins hohe Alter verfolgt. Im Nachhinein wundere ich mich, wie ich das alles durchgehalten habe, und ich wundere mich überhaupt nicht, dass ich die Handelsakademie zehn Monate vor der Matura abgebrochen habe. Es war wenige Tage nach meinem 18. Geburtstag, ich feierte die Volljährigkeit, indem ich die „Kündigung" beim Direktor selbst unterschrieb. Nichts da mit dem Handelskaufmann Hönegger! Wie es bei vielen Abbrechern der Fall ist, bereute auch ich diesen Schritt viele Jahre später. Ich muss aber erkennen, dass es mir offenbar nie bestimmt war, einen einfachen, klassischen Weg zu gehen.

Aufgrund meiner alpinen Herkunft und der damit fest in der DNA verankerten Begeisterung für den alpinen Skisport war es wenig verwunderlich, dass ich bereits mit 14 parallel zur Schule als Skilehrer mein Taschengeld verdiente. Als wäre es gestern gewesen, erinnere ich mich an einen Tag, der mein Leben verändern sollte. Es war ein kalter Wintertag, der Skischulleiter bestellte mich zu einer Unterrichtseinheit – eine Stunde Privatunterricht für einen deutschen Gast. Bis zu diesem Zeitpunkt noch nichts Außergewöhnliches. Sehr nett, hochgebildet, ein Intellektueller, dachte ich nach der ersten gemeinsamen Liftfahrt. Wie es sich für einen Intellektuellen gehört, war er sportlich eher mäßig talentiert, was er aber durch sein Interesse an allem, was ich ihm so erzählte, ausglich. Er schien zu fühlen, dass ich mehr sein wollte als der Salzburger Sunnyboy-Skilehrer.

Und kurze Zeit später erwies sich der deutsche Gast mit dem mangelnden Skitalent als der Gesandte des Himmels, der mir den Ausgang zeigen würde. Damals trug ich noch Skischuhe und Skipulli, ein Jahr nach der ersten Ski-Privatstunde stand ich im Tommy-Hilfiger-Anzug im Lift des Europäischen Parlaments. Es ging nach oben. Eine Krawatte hatte ich mir auch gekauft, sie war knallorange. Binden konnte ich sie natürlich nicht, aber einer der vielen anderen Anzugträger im Lift hat es mir in aller Eile beigebracht. Auch anderes lernte ich schnell während meines Praktikums im EU-Parlament. Ich sah mich um, ich beobachtete. Dabei fiel ich nicht etwa durch schlampig gebundene Krawatten auf, sondern durch meinen weißen Brillenrand im Gesicht – üblich für Skilehrer und Personen, die im Winter viel in den Alpen unterwegs sind. Das EU-Parlament habe ich jedenfalls geliebt. Diese Weltoffenheit, das Schnelllebige, der Druck. Positiver Stress und hinter jeder Ecke neue Leute, neue Bekanntschaften, andere Sprachen.

Hannes Hönegger

Elf Jahre
genoss Hannes
das Tempo
und die Vibes
der deutschen
Hauptstadt,
die nie schläft.

Und offenbar hatte ich dank einer gewissen schnellen Auffassungsgabe durchaus das Zeug zu einer Bilderbuchkarriere. Denn kurze Zeit nach meinem Antritt als Praktikant war ich sogar Generalsekretär für Tourismus in der Europäischen Wirtschaftskammer. Nicht dass diesen Job niemand hätte haben wollen. Doch sollte mein Leben wohl anders verlaufen. Es waren und sind immer besondere Menschen, die mich dazu bewegen, die Weichen anders zu stellen oder kurz auch mal die Fahrtrichtung zu wechseln.

Tätowiert, muskulös, gutaussehend – so kann ich den damals 21-jährigen Berliner beschreiben, wie er eines Tages vor mir stand. Er war der Doorman zu einer Welt, wie ich sie bis dahin nicht gekannt hatte. Berlin also. Ich habe es vom ersten Tag an geliebt, außerdem war ich neugierig, was der Kerl so treibt. Wie sich kurze Zeit später herausstellte, war er zu diesem Zeitpunkt nichts weniger als der König des Berliner Nachtlebens. Nach nur wenigen Wochen unseres Kennenlernens war ich der „Generalsekretär" des Berliner Nachtlebenkönigs. Vom Tourismus in die Berliner Halbwelt. Was soll ich darüber berichten? Die Dinge, die ich in dieser Zeit erlebt habe, sind selbst für mich einige Jahre danach so surreal, dass ich sie nicht erzählen möchte.

Neun Jahre später, nach sechsmonatiger U-Haft in der Justizvollzugsanstalt Moabit in Berlin, saß ich im Gerichtssaal, in Handschellen, begleitet von einem renommierten Berliner Verteidiger. Die Vorwürfe auf meiner Anklageschrift füllten gleich vier Zeilen an Paragrafen (Schriftgröße 12, wohlgemerkt). Neben dem Richter waren da noch die Staatsanwältin, Gerichtsschreiber*innen und zahlreiche Medienvertreter*innen. Im Publikum saß niemand, außer meiner Mutter, die damals studieren ging, ausgerechnet Mathematik, und ihrem mittlerweile neuen Lebensgefährten – ein bodenständiger Bergbauer aus dem Lungau. Die Tatsache, dass die Mutter nach Berlin zu meinem Prozess gekommen war, prägt mein Leben bis heute, und ich kann sagen, dass ihre Anwesenheit an diesem für mein Leben so entscheidenden Tag ausschlaggebend dafür war, dass ich mich später für die Rückkehr in die Heimat entschied.

Zwei Sätze aus meinem Leben in der Berliner Halbwelt sind mir geblieben, die ich dem Leser, der Leserin nicht vorenthalten will, weil sie philosophische Anleitungen für ein gelungenes Leben sind, zumindest nach meiner Vorstellung:

„Wenn du der König des Dschungels sein willst, reicht es nicht aus, sich wie ein König zu benehmen. Du musst der König sein, und es darf keine Zweifel daran geben. Zweifel führen zu Chaos und zum eigenen Untergang."

„Angst ist ein Dieb, weil sie uns beraubt, bevor wir begonnen haben."

Ich versuche, jeden Tag nach diesen Prinzipien zu leben. Dinge knallhart und unbeirrt durchzuziehen und keine Angst vor jemandem oder etwas zu haben, außer wenn eine Kuh Probleme beim Kalben hat. Ob diese radikale Einstellung die richtige ist, ob am Ende etwas Gutes dabei herauskommt, weiß ich nicht. Trotzdem werde ich ihr treu bleiben.

Nach der zweieinhalbjährigen Haft in Hochsicherheitsgefängnissen kam der Tag der Entlassung. Ich erinnere mich, als wäre es gestern gewesen, ich musste auf dem Heimweg vom Gefängnis – mein Opa holte mich ab – kurz halten, es war eine Stelle am Anfang des Tauernpasses, wo neben der Straße ein kleiner Gebirgsbach fließt. An diesem Ort verweilte ich für mehrere Stunden und genoss die Geräusche, den Geruch der Natur – einfach alles. Ich war zurück im Leben, am Beginn eines neuen Lebens. Die Zeit in Berlin, vor allem die Zeit im Gefängnis, hatte mich die Liebe gelehrt, die Liebe zur Natur und zu allem, was mit den Bergen verbunden ist. Mein Stiefvater, der damals meinetwegen nach Berlin geflogen war, brachte mir das Thema Landwirtschaft näher. Ich gebe aber zu: Einiges habe ich – mit meinem Blick von außen – nicht verstanden. Ich verstehe es heute noch nicht!

„Wenn du der König des Dschungels sein willst, reicht es nicht aus, sich wie ein König zu benehmen. Du musst der König sein, und es darf keine Zweifel daran geben. Zweifel führen zu Chaos und zum eigenen Untergang."

Von der Gefängniszelle auf die Alm

Klar habe ich aus meiner Zeit im Gefängnis viel gelernt. Zum einen musste ich schnell verstehen, dass die Sache mit dem König nur in der freien Wildbahn funktioniert. Auch hinter Gefängnismauern gibt es Hierarchien. Alles andere, vor allem das Zwischenmenschliche, wie man es aus Filmen wie „Flucht von Alcatraz" kennt, stimmt natürlich auch. Was ich, auch wenn es komisch klingt, im Gefängnis gelernt habe, ist, Empathie für Schwächere und die ganz Schwachen zu entwickeln. Das lag mir wohl in den Genen und hatte mir früher bei so mancher Rauferei das eine oder andere blaue Auge beschert.

Jetzt habe ich das glücklicherweise schon einige Zeit hinter mir und begreife: Empathie für Schwächere bedeutet aber auch in der Landwirtschaft, genau hinzuschauen. Wenn ich mir die Haltung von Tieren, nicht nur in Europa, anschaue, sehe ich wenig Unterschied zwischen Gefängnissen und den Ställen, in denen Schweine, Rinder, Kälber, Hühner oder Gänse dahinvegetieren, bevor sie durch Tötung von ihrem Leben erlöst werden. Doch wir im Gefängnis hatten deutlich mehr Komfort und Rechte. Der andere große Unterschied ist, dass die Insassen im Gefängnis meist aus eigener Schuld dorthin geraten sind, aber was haben Kälber, Schweine und Hühner eigentlich verbrochen, dass man sie so behandelt? Für mich als Landwirt kommt nur Bio-Landwirtschaft mit dem größtmöglichen Respekt für Lebewesen in Frage. Wir Menschen besitzen nicht das Recht, Tiere in Gefängnisse zu sperren.

Mit diesem Blick beginnen die Tiere auf dem Tromörthof ihren Tag.

Warum ich eigentlich im Gefängnis gelandet war, habe ich mich nie gefragt, denn ich wusste es ohnehin. Natürlich hatte ich niemanden umgebracht, aber ich hatte vielen Menschen, wenn auch nicht aus böser Absicht, geschadet. Bald nachdem ich meine Gefängniszelle bezogen hatte, begannen mich Gewissensbisse zu quälen. Wir haben in der Halbwelt zu keinem Zeitpunkt bewusst Menschen geschädigt, wir befanden uns in einer Grauzone zwischen Recht und Unrecht, in einer Zone, in der Orientierung offensichtlich so schwer fällt wie auf dem Wasser, wenn sich Nebel ausbreitet und der Kompass ausfällt. Heute ist mir bewusst, dass nicht immer alles an meinem Verhalten richtig war.

Vieles tut mir leid. So leid, dass ich seit Jahren darüber nachdenke, wie man es wiedergutmachen kann. Mein Gewissen fragt mich regelmäßig: Was wirst du tun, um das alles wiedergutzumachen? Wie wirst du zu einer besseren Welt beitragen? Da fiel mir gleich zu Beginn das Übliche ein: Geld spenden, in der Freizeit für Hilfsorganisationen arbeiten oder, noch besser, selbst eine Hilfsorganisation gründen. Selbstverständlich wird nachhaltig konsumiert und so der ökologische Fußabdruck verkleinert. Alles nicht schlecht, jedoch auch nicht besonders originell und vielleicht ja auch ein wenig alibihaft!

Es ist wichtig, dass du den Menschen, die du liebst, die dir am nächsten sind, etwas über dein Vergnügen, deine Freude und deine Genüsse beibringst, ihnen zeigst, wofür du brennst.

Ich habe bemerkt: Es ist wichtig, dass du den Menschen, die du liebst, die dir am nächsten sind, etwas über dein Vergnügen, deine Freude und deine Genüsse beibringst, ihnen zeigst, wofür du brennst. Das alles – das Glück, die Schönheit, der Genuss, das Brennen – lernen wir nämlich nicht, weil es uns niemand wirklich beibringt. Uns wird immer nur gesagt, wie wichtig gesundes Genießen und verantwortungsvolles Glück und ökologisch korrektes Vergnügen und so weiter seien, ein einziges Blabla, eine Dauerberieselung mit Vernunft und Korrektheit und kollektivem Verantwortungsbewusstsein. Natürlich ist das auch gut, aber wenn dann jemandem der Appetit aufs Essen und später aufs Leben vergeht, darf sich die Gesellschaft nicht wundern.

Vor allem: Keine Eltern, keine Lehrer*innen stehen vor uns und sagen: Wenn du dieses hier tust oder dich in jenes wirfst, kannst du Erleuchtung haben, dein Leben als Geschenk begreifen, dankbar werden dafür, geboren zu sein. Meistens wird uns das klar, wenn es zu spät ist. Wenn wir an die Dinge denken, die wir nicht getan haben, aber tun hätten wollen. Das nicht Getane ist es, was die Menschen am Ende immer am meisten bereuen.

Harte, aber lehrreiche Jahre

Nicht dass ich sie jemandem empfehlen würde, diese harte Schule. Ich habe aber in meiner Zeit hinter Gittern enorm viel über das Leben gelernt, das ich heute tagtäglich anwenden kann. So ist mir, wie schon gesagt, immer aufgefallen, dass die Guten stets zu den Schwächsten halten. Es mag die Leserin, den Leser hier grotesk anmuten, aber als Häftling ist man nun mal in einer grundsätzlich schwachen Position, und wie auch außerhalb der Gefängnismauern gibt es dann unter den Schwachen wiederum Stärkere und Schwächere. Ich durfte in den zweieinhalb Jahren zahllose Justizwachebeamte beobachten und mir fiel auf, dass die, die ich als sympathisch und korrekt bezeichnen würde, stets auf der Seite der Schwächeren waren!

Ich bin ein großer Fan der Guten und hoffe, selbst einer davon zu sein. Auch versuche ich seither, die Dinge positiver zu sehen – so habe ich der Haftzeit sehr viel zu verdanken. Das Wichtigste aber: Ohne die Zeit in der Haft hätte ich nie den Beruf des Metzgers kennengelernt. In meiner Zeit im Hochsicherheitsgefängnis Garsten gab es für mich eine einzige Arbeitsmöglichkeit. Man muss dazu wissen, dass Häftlinge grundsätzlich arbeiten müssen. Dies vielleicht als Aufklärung für alle, die glauben, im Gefängnis gebe es warme Unterkunft, Fernsehen und Faulheit für alle. Manche sehen es ja so, doch das Gegenteil ist der Fall. Rund 60 Wochenstunden, sehr geregelt, und zwar an allen sieben Wochentagen. Als Entlohnung sieht der Staat etwa 70–100 Euro pro Monat vor, was angesichts der Arbeitsleistung, die erbracht werden muss, doch eher an Sklaverei erinnert. Aber den meisten ist es immer noch lieber, aus ihrem Loch, in dem sie sonst untergebracht sind, für ein paar Stunden rauszukommen, und ich empfinde es als eine der wenigen positiven Errungenschaften der Justiz, dass Häftlinge arbeiten müssen.

Österreichische und deutsche Gefängnisse kann man durchaus miteinander vergleichen. Die Systeme sind grundsätzlich ähnlich, leider auch mit ihren Nachteilen und Versäumnissen.

Ein täglicher Alm-Spaziergang, um
nicht das Wort „Auslauf" verwenden
zu müssen, gehört für die Bewohner
der Ställe des Tromörthofs zum
Wohlfühl-Programm.

Chronischer Personalmangel aufgrund finanzieller Unterdotiertheit zwingt Justizanstalten, Resozialisierungsmaßnahmen einzuschränken und Häftlinge zu verwahren. Anstatt, wie es das Wesen der Justiz eigentlich vorsehen würde, sich individuell um sie zu kümmern. Am meisten schockiert hat mich jedoch die Tatsache, dass, wie ich selbst erleben durfte, auch im Gefängnis nicht alle gleich sind. Auch hinter Gittern gibt es genaue Abläufe und Hierarchien.

Mit dem rostigen Golf zum Luxus-Metzger

An einem lauen Gefängnisnachmittag, ich hatte zu dieser Zeit schon rund vier Monate in der hafteigenen Metzgerei gearbeitet, blieb ich beim Zappen bei einer TV-Doku hängen. Sie trug den Titel „In 80 Steaks um die Welt". Hauptdarsteller war der bayrische Spitzenkoch und Rinderzüchter Ludwig „Lucki" Maurer. Natürlich habe ich mir die ganze Sendung angesehen, und es machte etwas mit mir. Denn ab diesem Zeitpunkt konnte ich die Begeisterung, die er für perfektes Fleisch und die perfekte Aufzucht der Rinder hatte, nicht mehr aus meinem Kopf bringen. Für mich war von da an klar: Ich will selbst Rinderzüchter werden und die Menschen mit dem besten Fleisch der Welt versorgen. Und wo könnte dafür ein besserer Ort sein als am Hof meines Stiefvaters!

Die Monate im Gefängnis nutzte ich, um alles über die Rinderzucht zu lernen. Ich hatte mir natürlich auch technisches Gerät gekauft und mir, anstatt wie die anderen im Darknet zu surfen und mir das Hirn mit Mist vollzusaugen, nächtelang Dokus über Steaks und Rinder reingezogen. Schnell war mir klar, dass ich Ludwig Maurer so bald wie möglich kennenlernen musste. Beim Surfen hatte ich entdeckt, dass er wöchentliche Fleischseminare abhält. Der Plan sah vor, dass ich wenige Wochen nach meiner Entlassung die rund 700 Euro Kursbeitrag verdienen musste, um bei ihm am Hof an einem Seminar teilzunehmen.

Kurze Zeit später war es so weit. Ich fuhr mit dem alten 4er-Golf meiner Mutter in den Bayerischen Wald und war natürlich höchst nervös. Am Hof angekommen, musste ich mir erst einen passenden Parkplatz für den fahrbaren Untersatz suchen. Er sollte sich nicht genieren müssen, wenn ich ihn neben den AMGs der elitären

Fleischprominenz parken würde. Der nahe gelegene Wald gab mir jedoch das passende Versteck, und so legte ich einen kleinen Fußmarsch hin, um schließlich die heiligen Hallen des „STOI" zu betreten. Ein kurzes Gebet, einmal bekreuzigen. Und da war er, der deutsche Fleischpapst, den ich wenige Monate zuvor noch vom Knast aus bewundern hatte dürfen. Als einnehmend freundlich, Begeisterung übermittelnd und als faszinierende Persönlichkeit kann ihn noch heute beschreiben. Ich habe jeden Satz seines Vortrags aufgesaugt, und wie es das Schicksal wollte, entstand zwischen uns eine Freundschaft. Mittlerweile arbeiten wir sehr eng zusammen. Einer von Luckis besten Zuchtbullen, „Tsuki Oshi", wohnt seit drei Jahren auf unserem Hof und hat schon für zahlreiche Nachkommen gesorgt.

Tsuki Oshi spielt eine weit größere Rolle in meinem Leben, als bloß ein Zuchtstier aus der Herde des berühmten Ludwig Maurer zu sein. Tsuki hat meinen Weg die letzten Jahre mitverfolgt und mich durch alle Höhen und Tiefen begleitet. Als Tsuki zu uns auf den Hof kam, war das Projekt „Lungaugold" noch nicht sonderlich ausgereift. Er kam zu einer Zeit, als wir neben einer Million Euro Schulden und einem hochmodernen Bio-Schlachthof auf 1.200 Metern Seehöhe nichts besaßen. Außer dem Gefühl, dass da viel Potenzial war und der Weg des neu gemachten Bergbauern eigentlich nur steil bergauf gehen würde. Wobei auch das „Bergaufgehen" wie generell im Leben mit enormen Mühen und viel Krafteinsatz aller verbunden war. Mein wichtigster Coach war und ist Tsuki Oshi. Mit ihm unterhalte ich mich fast jeden Tag und Tsuki Oshi hat immer eine Antwort für mich!

Unser Fleisch ist über die Grenzen Österreichs bekannt wegen seiner enorm hohen Qualität. Mit Hannes Brugger haben wir einen der begnadetsten Metzger im Team. Wie für viele Menschen war die Corona-Phase und die damit verbundene fast einjährige Zwangspause für unser kleines Unternehmen ein Erdrutsch, der uns fast begrub. Als wir jedoch aus der anfänglichen Schockstarre zunächst langsam und dann immer schneller erwachten, begann sich das Blatt in unsere Richtung zu wenden.

Schon vor der Eröffnung unseres Betriebes war mir klar, dass ich mit unserem Fleisch unbedingt die heimische Gastronomie beliefern wollte. Ich dachte dabei anfangs natürlich nur an die

Einer von Luckis besten Zuchtbullen, „Tsuki Oshi", wohnt seit drei Jahren auf unserem Hof und hat schon für zahlreiche Nachkommen gesorgt.

umliegenden Gasthöfe und Restaurants. Da hatte ich aber die Rechnung ohne die Lungauer Wirte gemacht. Preislich hatten wir nämlich keine Chance, mit den Großanbietern mitzuhalten. Meine Marketingstrategie bedurfte also dringend einer Überarbeitung, denn am Preis zu schrauben war klarerweise undenkbar und auch ganz einfach nicht möglich.

Gutes Fleisch hat seinen Preis, beim besten Fleisch liegt er noch darüber. Wobei wir da von Schnitzelfleisch und edlen Teilen reden, wie günstig man mit Bio-Kalbfleisch arbeiten kann, wenn man's kann, erkläre ich an anderer Stelle. Unseren Lieferradius mussten wir jedenfalls deutlich erweitern.

Mittlerweile sind wir der Fleischlieferant der österreichischen Spitzengastronomie und beliefern die besten Häuser Österreichs mit Lungaugold Bio-Fleisch und mit veredelten Produkten. Dass wir das jetzt machen können, verdanken wir unter anderem auch der Corona-Krise. Die Spitzengastronomen hatten während des gefühlten zweijährigen Dauerlockdowns Zeit, nachzudenken und Lieferstrukturen zu überarbeiten. Das hat uns zur Nummer eins im Premium-Segment am Wörthersee gemacht und auch in der Festspielstadt Salzburg beliefern wir beinahe sämtliche namhaften Player am heimischen Gastrohimmel.

Feuchte Hände – und Augen – im Ikarus

Ich erinnere mich dabei noch gut an meine ersten Besuche im Hangar-7. Der privaten Freundschaft zu Küchenchef Tommy Eder-Dananic verdanke ich die Einladung zu einem persönlichen Gespräch mit Martin Klein. Er ist der Executive Chef des Ikarus, und das ist eines der besten und spannendsten Restaurants Österreichs. Klein verantwortet auch die gesamte restliche Gastronomie des Hangar-7, zu der ein Bistro und ein Café gehören. Ich erinnere mich an unser Zusammentreffen, als hätte es gestern stattgefunden. Es gibt wenige Momente in meinem Leben, während derer ich feuchte Hände hatte, dieser war einer davon. Der Hangar-7 und das Ikarus beziehungsweise seine Küche waren für mich eine Kathedrale.

Sich das Vertrauen der Tiere täglich neu zu erwerben, gehört zur Arbeit Hannes Höneggers. Was ihm diese Kuh da gerade ins Ohr flüstert, geht deshalb niemanden etwas an.

Plötzlich stand ich in der Küche. Wie im Hangar-7 nicht anders zu erwarten, war diese trotz der 25 anwesenden Köche geordnet und klar. Niemand hat gesprochen, außer dem Chef. Seine Anweisungen wurden mit lediglich einem Wort kommentiert: „Jawohl!" In Frankreich heißt es „Oui, Chef!". Dieses Jawohl und die damit erzeugte Stimmung haben mich derart geflasht, dass ich tatsächlich geweint habe wie ein kleines Kind. Aus Freude, aus Ehrfurcht und Respekt. Wahrscheinlich hat sich Martin das Seine dabei gedacht, als ich da plötzlich vor Ergriffenheit fast heulend vor ihm stand. Aber es dürfte für ihn in Ordnung gewesen sein, denn seit der Corona-Krise sind wir fester Bestandteil der auserwählten Lieferanten, und darauf bin ich, um ehrlich zu sein, sehr stolz.

Das „Jawohl!" in der Ikarus-Küche durfte ich seither noch zwei- bis dreimal beobachten, wenn ich liefern war, und ob ihr es glaubt oder nicht, die Tränen sind auch beim zweiten und dritten Mal nicht ausgeblieben. Mich beeindruckt und berührt diese Art der Perfektion, Genialität und Konsequenz.

Niemand hat gesprochen, außer dem Chef. Seine Anweisungen wurden mit lediglich einem Wort kommentiert: „Jawohl!"

Für mich war von da an klar: Ich will selbst Rinderzüchter werden und die Menschen mit dem besten Fleisch der Welt versorgen. Und wo könnte dafür ein besserer Ort sein als am Hof meines Stiefvaters!

Bio am Lügendetektor

Bio, Organic, Biologique sind die Dopingmittel des Marketings
in der Landwirtschaft, ob es sich um Wein oder Schwein handelt, ob um Gurken oder Kakao. Gleich danach kommen die
schwammigen Begriffe Regionalität und Nachhaltigkeit. Die
Käufer*innen möchten einfach verständliche Hinweise. Allerdings ist, seit biologische Landwirtschaft dem Kleinteiligen
entwachsen ist und quasi-industrielle Formen angenommen
hat, immer das gleiche Phänomen zu beobachten: Wo der Preis
diktiert, der meistens ein Billigpreis ist, geht es auf Kosten der
Lebensqualität der Tiere, egal, ob wir von Hühnern, Schweinen
oder Rindern reden.

Bio wird in der EU-Öko-Verordnung geregelt. Neben dem Verbot
genmanipulierter Futtermittel und chemischer Pflanzenschutz-
und Düngemittel schreibt „Bio" mehr Auslauf und größere Flä-
chen vor. Gerade beim Auslauf liegt es allerdings im Ermessen
des Landwirts, wie sehr er die Grenzen des Erlaubten auslotet.
Ein Dossier der „Zeit" vom November 2021 bringt erschreckende
Belegungszahlen in deutschen Hühnerhaltungsbetrieben ans
Tageslicht. Leser*innen wie auch Konsument*innen wenden sich
da gerne mit Grausen ab. Für sie gehört der Konsum von mit Bio-
siegeln ausgezeichneten Lebensmitteln zum Feel-good-Konzept
des Lebens. Serotoninschub durch möglichst viele Bio-Etiketten
im Einkaufswagen. Dabei muss man wissen: Was in den Supermarkt kommt, unterliegt den Regeln eines beinharten Preiswett-
bewerbs, der den Tieren nur jenes Minimum an Lebensqualität

Mutterkuhhaltung,
ein oft gehörter Begriff.
Ja, wie denn sonst?

lässt, das die Bio-Richtlinien gerade erlauben. So ist das auch beim Bio-Kalb. Nach dem Gesetz ist das Füttern von Kälbern mit Milchaustauschern verboten. Was aber tun die Bauern? Sie verkaufen die Milch lieber, anstatt ihre Kälber damit zu füttern. Denn günstig gekauftes und angerührtes Milchpulver ist deutlich günstiger. Weil der Preis für Kalbfleisch nicht mehr hergibt, leisten es sich nur wenige Bauern, Kälber am eigenen Hof nach Bio-Richtlinien aufzuziehen. Etwa im Bregenzerwald oder im Lungau. Immer noch ist konventionelle Landwirtschaft in der Überzahl, obwohl die Nachfrage nach Bio laufend wächst, man könnte sogar von einem Boom sprechen, wenn man sich die Zuwachsraten während der Lockdowns ansieht.

Bio ist die natürlichste Sache auf der Welt

Für viele Eltern ist Bio alternativlos. Sie denken an die Gesundheit ihrer Familie, an weniger Pestizide und Antibiotika sowie an eine gesunde Umwelt, die wir den kommenden Generationen hinterlassen. Höhere Preise für Lebensmittel aus biologischer Landwirtschaft nehmen sie gerne in Kauf. Dass hinter dem Bio-Label oft Tierhaltung steckt, die sich nur in wenigen Nuancen von konventioneller Tierhaltung unterscheidet, ist vielen nicht bewusst. Beim Gemüse ist es nicht anders.

Man könnte sagen, dass Bio die unterste der akzeptablen Ebenen auf der Qualitätspyramide ist. Wer im Fleischregal zu konventioneller Ware greift, muss wissen, was er daheim auf den Teller bekommt. Für mich ist Bio eigentlich kein Trend, sondern die längst fällige Rückkehr zur Normalität. Die Nachfrage kann in Österreich teilweise nicht befriedigt werden (Nur drei Prozent des Schweinefleischs in Österreich kommen aus biologischer Landwirtschaft!), andererseits verkaufen wir unsere Bio-Milch aber auch ins Ausland, weil wir die Menge, die wir haben, gar nicht verbrauchen können. Die Milchwirtschaft in Europa, mit allen ihren Förderungen, hat schon sehr verrückte Züge angenommen. Darüber an anderer Stelle mehr.

Als Verkäufer von Bio-Lebensmitteln hat man im Vergleich zu
anderen Branchen eine große Schwierigkeit. Eine Louis-Vuitton-
Tasche sieht einfach besser aus als die Handtaschen beim Diskonter. Die Dom-Pérignon-Flasche gefällt mir auch besser als
die vom Diskonter. Aber bei Lebensmitteln sieht das anders aus,
beziehungsweise schauen Bio und Konventionell gleich aus.
Ein Ei ist ein Ei, ein Apfel ist ein Apfel, der Lungenbraten vom
heimischen Bio-Rind sieht genau gleich aus wie der aus Uruguay.

Noble Blässe bringt es nicht

Kälber, die im Tageslicht leben und auf der Weide essen anstatt
im Stall ohne Sonne und ohne frisches Heu und Gras aufzu-
wachsen, haben es bei Köch*innen und Konsument*innen
besonders schwer. Aus unerfindlichen Gründen gilt das helle
Fleisch der Kälber als besonders hochwertig und begehrenswert.
Viele Gastronomen glauben das und die Konsument*innen sind
von diesem Vorurteil ebenfalls nicht abzubringen. Die Franzo-
sen haben beim Kalbfleisch sogar eigene Farbskalen entwickelt.
Kälber mit hellem Fleisch leiden an Eisenmangel, haben oft zu
wenig Tageslicht und dürfen nicht auf die Weide.

Unsere Bio-Kälber dürfen das ganze Jahr ins Freie, Sonne tanken
und bei Bedarf auch mal am frischen Heu knabbern und Gras
fressen. Ihr Fleisch ist Fleisch von Tieren, die gelebt haben. Wir
sagen dazu „Kalb Rosé", wie der köstlich erfrischende Wein aus
der Provence.

Was meinem Verständnis von Bio zuwiderläuft, sind die letzten Minuten im Leben eines Bio-Kalbs, die sich oft in nichts
unterscheiden von denen konventionell gehaltener Kälber. Wir
wissen, dass ein Tier bei der Schlachtung oftmals leidet, wenn
die Schlachtung nicht möglichst sanft erfolgt. Stress verursacht
Fleisch mit hohem pH-Wert, das wesentlich schneller sauer wird,
ungesünder und eigentlich minderwertig ist. Die ganze Mühe des
Bauern bei der Zucht des Bio-Kalbs war umsonst. Vom ethischen
Hintergrund will ich gar nicht sprechen, und keine Frage, dass
ich mir auch für Kälber aus konventioneller Landwirtschaft eine
stressfreie Schlachtung wünsche.

Das Milch-Dilemma

Wir Österreicher*innen exportieren und importieren zehntausende Kälber pro Jahr. Wie geht das? Im Jahr 2020 wurden 104.688 Kälber, zum Großteil aus den Niederlanden, importiert. Im selben Jahr 2020 wurden 45.423 Kälber exportiert, zum Großteil nach Spanien und Italien. Die Dunkelziffer der Kälber, die von Spanien ins Nicht-EU-Ausland (in erster Linie zum Schächten in den Libanon) gebracht werden, ist beachtlich, jedoch nicht im Detail zu erfassen.

Und warum ist das so? Weil den Bauern die Aufzucht zu Hause, vor allem die Fütterung mit echter Milch, zu teuer ist. So wird aus einem nach Bio-Richtlinien aufgezogenen Kalb ein Kalb nach konventioneller Landwirtschaftsmethode, mit allen Nachteilen für das Tier und den Geschmack. Sie erinnern sich an die hässlichen Bilder von den Massentransporten von Kälbern auf dem Mittelmeer? Ich erinnere mich und mir hat damals gegraust und mir graust heute noch. Die Chance, dass ein männliches Bio-Kalb im eigenen Land aufgezogen wird, ist leider verschwindend gering. Es ist nachgerade ein Treppenwitz in der Geschichte der europäischen Landwirtschaft, dass Bauern für Bio-Milch rund 60 Cent pro Liter erhalten, und zwar gesponsert von den Steuerzahler*innen. Und dass viele Bauern es vorziehen, die Milch an die Molkerei zu verkaufen anstatt das eigene Kalb zu füttern, wie es die Natur eigentlich vorsähe.

Ein Kalb braucht einen Monat nach der Geburt rund 15 Liter pro Tag, erst nach frühestens drei Monaten werden Kälber von der Milch entwöhnt. Für mich kommt nichts anderes in Frage, als dass jedes Kalb zumindest die ersten Monate bei der Mutter verbringt. Alles andere ist unnatürlich. Damit der Bauer es sich leistet, sein Kalb am Hof aufwachsen zu lassen, damit es sich auch für ihn lohnt, die Milch ans Kalb zu verfüttern statt sie zu verkaufen, müssen die Preise für Kalbfleisch steigen. Bitte, liebe Leserin und lieber Leser dieses Buches, gönnt den kleinen Kälbern in den ersten drei Lebensmonaten die Milch ihrer Mütter, so wie es dem Plan der Natur entspräche. Was ihr dazu tun müsst, ist, einfach beim Einkauf von Kalbfleisch etwas großzügiger zu sein. Fair enough?

Für viele Eltern ist Bio alternativlos. Sie denken an die Gesundheit ihrer Familie, an weniger Pestizide und Antibiotika sowie an eine gesunde Umwelt, die wir den kommenden Generationen hinterlassen.

Schon vor über 25 Jahren baute Matthäus Hönegger seinen Stall auf einen Laufstall um. Auch wenn heutzutage die sogenannte Anbindehaltung nicht mehr denkbar wäre, machten die Höneggers schon vor Jahrzehnten diesen wichtigen Schritt.

Heimatgefühl, eine Enttäuschung

Das Thema ist heißer als der Holzkohlengrill, auf dem Hannes seine Flanksteaks und T-Bones vom Bio-Kalb brät. Es geht um das Versprechen von Lebensmitteln aus einer Region und wie die Industrie die Kund*innen an der Nase herumführt. Hannes Hönegger im Gespräch mit Alexander Rabl.

AR: Kommt denn das Fleisch beim Metzger wirklich vom Bauern unseres Vertrauens?

HH: Wer glaubt, beim heimischen Metzger gibt es nur Fleisch vom Nachbarbauern, täuscht sich wohl in rund 90 Prozent der Fälle. Ein Großteil bezieht die Waren aus dem Großhandel oder von Großschlachthöfen aus dem In- und Ausland. Eigentlich ein bisschen Fake-Info, was die Herkunft betrifft. Der Metzger im Dorf unterscheidet sich womöglich gar nicht so sehr von der Fleischabteilung im Supermarkt. Wenn man auf der Suche nach der Wahrheit ist: Ich bin naturgemäß ein großer Befürworter von Metzgereien mit eigener Schlachtung. Nur ein eigener Schlachtbetrieb kann die Herkunft garantieren und hat selbst in der Hand, was auf der Theke landet. Kein Wunder, dass bäuerliche Direktvermarkter aus dem Boden sprießen wie die Lungauer Eierschwammerl im Spätsommer und klassische Metzgereien nicht

nur aufgrund von immer rigider werdenden Behördenauflagen oder einfach auch Generationenkonflikten schließen. Meiner Überzeugung nach wird es in 20 Jahren eine klassische Metzgerei ohne eigenen Schlachtbetrieb nicht mehr geben. Da helfen auch jüngst durch die Politik inszenierte und mit enormen Mitteln finanzierte Regionalitätssiegel nicht weiter. Im Gegenteil, es handelt sich um nichts anderes als ein weiteres Täuschungsmanöver. Einmal im Monat regionales Fleisch einer bestimmten Kategorie ins Regal zu legen, soll das nicht den Anschein erwecken, der gesamte Betrieb wäre ein ganzheitlicher Versorger mit regionalem Qualitätsfleisch? Man könnte das fast Betrug nennen.

Welche sind die Metzgereien der Zukunft?

Dass tatsächlich nur ein Artikel den Kriterien der sogenannten Regionalität entspricht, geht

Die Wörter „nachhaltig" und „regional" –
ich kann's nicht mehr hören! Es ist wie ein
Tinnitus, der mich bis in die Nacht verfolgt.
Es steht an jeder Supermarkt-Eingangstür –
regional und nachhaltig. Diese beiden
Begriffe werden so inflationär verwendet
wie die Wörter Sonne und Glück.

„Ich bin davon überzeugt, dass künftig nur jene Metzgereien eine Chance haben werden, die selbst schlachten und somit die Gewissheit haben, welchen Rohstoff sie da verwenden!"

dann ja meist unter. Das Gefühl, man kaufe ohnehin Fleisch aus der Region, überwiegt, und damit funktioniert diese Täuschungsmasche! Es gibt viele traditionelle Metzgereien, die in der Lage sind, hervorragende Wurstwaren und veredeltes Fleisch zu produzieren. Meistens ist der Rohstoff aber nicht so regional, wie man das annimmt – im Gegenteil! Ich bin davon überzeugt, dass künftig nur jene Metzgereien eine Chance haben werden, die selbst schlachten und somit die Gewissheit haben, welchen Rohstoff sie da verwenden! Die Kunden werden das nicht mehr lange mitansehen – das erkennt man bereits jetzt daran, dass viele Metzgereien schließen und gleichzeitig der Sektor der bäuerlichen Direktvermarktung boomt.

Das tut er nicht nur im Lungau. Man kann es einfach so sagen: Seit das Züchten von Nutztieren zu einer Industrie geworden ist, ist es ein ständig sprudelnder Quell schlechter Neuigkeiten.

Allein der Begriff „Nutztiere" ist so was von entlarvend und beschreibt das kranke System in nur einem Wort! Ein massives Problem hat hier zum Beispiel Schweinefleisch in Österreich. Nur 2,8 Prozent der österreichischen Schweine können sich das Bio-Siegel umhängen. Es wäre somit gar nicht so einfach, eine größere Nachfrage nach der Bio-Sau zu befriedigen.

Was bekomme ich, wenn ich beim Kirchenwirt auf dem Land ein Schnitzel bestelle?

Im örtlichen Dorfwirtshaus Fleisch aus der Region zu bekommen ist im Regelfall gleich wahrscheinlich wie ein Lottogewinn.

Auch eine Frage des Preises, nehme ich an.

Restaurants in Österreich sind grundsätzlich viel zu billig. Okay, Österreich ist auch kein Hochlohn-, dafür ein Hochsteuerland, also können viele Gäste auch nicht mehr erübrigen. Aber wie auch immer …

Trotzdem gibt es Steaks, Steaks, Steaks.

Das Rinderfilet vom heimischen Ochsen kann in dieser Menge, wie es in Restaurants angeboten wird, gar nicht aus der Region kommen, schon gar nicht zu diesen Preisen. Für mich wenig verwunderlich ist die Tatsache, dass innovative Köche das Filet gänzlich verbannen und auf Alternativen zurückgreifen. „From Nose to Tail" ist nicht nur ein Modebegriff, sondern wohl einer der wichtigsten Ansätze, um diese Welt zu retten, nicht nur die Welt der Landwirtschaft und der Gastronomie. Ich übertreibe nicht. Wie man weiß, ist die Nutztierhaltung für 30 Prozent des weltweiten Wasserverbrauchs verantwortlich. Ich sage es nochmals: 30 Prozent! In den USA benötigt man für die Herstellung eines Burger-Patties rund 2.500 Liter Wasser.

Eine Unmenge, wenn man bedenkt, wie knapp Wasser in vielen Gegenden ist.

Die Fleischproduktion in Österreich ist weitgehend klimaneutral. Aber unser Fleischkonsum selbst wirkt sich auf Südamerika und die USA aus, und dort spielen sich Dramen ab. Unser Verlangen nach Rinderfilets wird dort bedient. Wir Europäer sind neben den Chinesen verantwortlich für die aktuell vorherrschende Situation.

Das zu hören gefällt nicht allen, die gerne Fleisch, vor allem gerne Rindfleisch essen. Wo können die das denn mit gutem Gewissen tun?

Auch wenn es niemand hören will – das wohl regionalste Restaurantkonzept Österreichs hat McDonald's! McDonald's verwendet in Österreich ausschließlich heimisches Rindfleisch und österreichische Kartoffeln. Ohne die Hamburgerkette hätte insbesondere die heimische Milchwirtschaft ein massives Problem. McDonald's verbraucht deutlich über 80 Prozent aller österreichischen Rindsvorderviertel, in erster Linie die Vorderviertel älterer Milchkühe. Bauern aus der Milchwirtschaft verkaufen ihre Milchkühe häufig nach acht bis zehn Jahren an den entsprechenden Großschlachthof. Dafür erhalten sie einen ernstzunehmenden Preis. Diese Verlässlichkeit haben sie im Wesentlichen dem konstanten Großabnehmer mit dem goldenen M zu verdanken. Somit ist er ein wesentlicher Player im System und wäre nicht mehr wegzudenken. Auch wenn ich eine sehr klare Meinung zu großen Schlachthöfen habe, finde ich das richtig gut und wichtig. Als im Jahr 2020 mitten im Lockdown verkündet wurde, McDonald's darf wieder öffnen, wurde im österreichischen Landwirtschaftsministerium die Jubelfahne gehisst. Verständlich, ansonsten wäre wohl

ein sehr komplexes System in sich zusammen-
gebrochen.

**Skaleneffekte, also ökonomische
Vorteile durch Größe, sind in der Landwirtschaft ja etwas in Verruf geraten.**

Mit den großen Schlachthöfen im In- und
Ausland habe ich ein Problem. Was passiert,
wenn in eine bestehende Herde ein neues
Rind hinzukommt? Dann ist Alarm, Stress und
Action. Die Rangordnung spielt bei Rindern
eine wesentliche Rolle. Wenn man sich nun
vorstellt, auf einem Schlachthof kommen in
völlig unbekannter Umgebung gleich mehrere
hundert, wenn nicht sogar über tausend Rinder
auf einmal zusammen, da braucht man den
durch Stress erzeugten pH-Wert des Fleisches
nicht mehr zu messen! Pures Adrenalin über-
kommt die armen Tiere, die dann auch noch
von schlecht ausgebildeten Sub-sub-sub-Mit-
arbeitern ihrem Schicksal überlassen werden.
Ich durfte einmal in einem Großschlachthof
an einer Sachverständigen-Ausbildung für
Rinderklassifizierung teilnehmen. Davon habe
ich heute noch Albträume und ich musste mich
damals während des gesamten Kursverlaufs
stets darauf konzentrieren, mich nicht zu über-
geben. Hätte der Kurs noch länger gedauert,
wäre ich wahrscheinlich auch zum Hardcore-
Veganer geworden. Diese riesenhaften Schlachthöfe, die zudem meist auch noch negativ wirtschaften und durch Subventionen, also letztendlich von den Steuerzahlern, am Leben
gehalten werden – ich verachte sie zutiefst!

**Bio aus dem Supermarkt hat nicht
den besten Ruf.**

Da steckt auch schon eine kleine Industrie
dahinter und der Handel verdient sich dumm
und dämlich. Ich verzichte gerne auf Bio-
Tomaten aus Spanien. Dann lieber regionale
Tomaten von einem konventionellen Bauern –
aber zu einer Jahreszeit, in der sie auch Saison
haben! Ich brauche auch keine Erdbeeren zum
Champagner im Dezember, wir sind ja nicht in
Wimbledon, im Winter trinkt man den einfach
ohne Obst. Regionale Bio-Qualität, das ist es,
wonach wir streben müssen. Und vor allem
wenn Tiere involviert sind, finde ich Bio unum-
gänglich und absolute Basis und Grundvoraus-
setzung.

**Auch die kleinen Tierchen im Boden,
die so wichtig sind für dessen Qualität,
freuen sich, wenn der Landwirt auf
Bio umstellt. In der Weinbranche
ist das seit Jahren ein mindestens
so großes Thema wie in der Landwirtschaft.**

Unser Leben lässt sich nicht segmentieren,
alles gehört irgendwie zusammen. Natürlich ist jede Form von Chemie auf dem Feld
der absolute Wahnsinn – was aber noch viel
weniger geht, ist, Tieren dieses Verbrechen
anzutun! Kälber werden nicht nur außerhalb
Europas mit Medikamenten vollgestopft,
um irgendwelchen Farbskalen zu entspre-
chen und sich möglichst prächtig zu entwickeln. Wir haben es hier mit einer krank-
haften Profitgier zu tun, der man Einhalt
gebieten muss.

**Im Lungau fällt auf, dass viele
Bauern ihre Produkte selbst**

vermarkten. Die Supermärkte mit ihren unverschämten Margen bleiben außen vor. Und es scheint zu funktionieren.

Die Tatsache, dass jedes Jahr auffallend viele Metzgereien ihre Türen schließen und dass im Gegenzug die Zahl der sogenannten bäuerlichen Direktvermarkter rasant zunimmt, spricht auch für sich. Ich finde es großartig, dass immer mehr Bauern ihre Produkte ab Hof oder auf kleinen Märkten verkaufen! Andererseits habe ich aber auch den Eindruck, dass sich dadurch noch mehr Druck in der Bauernschaft breitmacht. Wenn der Nachbar schon den Honig und den eigenen Speck verkauft, muss ich das nicht auch tun? Wie gestalte ich meine Preise, wie vermarkte ich meine Produkte – Instagram oder doch klassische Printwerbung? Plötzlich auch noch Marketingprofi sein zu müssen – das ist dann wohl doch zu viel. Und so wird das Bauernsterben wohl noch schneller voranschreiten. Jene, die in der Insta-Generation angekommen sind, werden höchst erfolgreich sein, für alle anderen sehe ich es noch schwerer als bisher.

Was ist zu tun?

Der naive Gedanke eines Bergbauern, in jeder kleinen Region einen Betrieb wie den unseren zu etablieren, der die Nachfrage befriedigen und zudem noch örtlichen Facharbeiterinnen und Facharbeitern einen ehrenwerten Arbeitsplatz bieten könnte, ist vermutlich unrealistisch. Ich erlaube ihn mir an dieser Stelle trotzdem.

„Diese riesenhaften Schlachthöfe, die zudem meist auch noch negativ wirtschaften und durch Subventionen, also letztendlich von den Steuerzahlern, am Leben gehalten werden – ich verachte sie zutiefst!"

„Der naive Gedanke eines Bergbauern,
in jeder kleinen Region einen Betrieb
wie den unseren zu etablieren, der die
Nachfrage befriedigen und zudem noch
örtlichen Facharbeiterinnen und Facharbeitern einen ehrenwerten Arbeitsplatz
bieten könnte, ist vermutlich unrealistisch.
Ich erlaube ihn mir trotzdem."

Schmerzbefreit

„Ich spüre keine Schmerzen", betont Hannes und erzählt, wie er sich beim normalen Gehen aus totaler Übermüdung alle Bänder im linken Sprunggelenk samt Kapsel riss. „Ich schrie kurz und arbeitete dann weiter." Andere bleiben da lieber gleich liegen, bis der Arzt kommt. Schließlich begab sich Hannes doch in die Ambulanz in Tamsweg. Als der diensthabende Arzt ihn sah, bekam er gleich das Emergency-Room-Gesicht und rief seine Kolleg*innen zusammen: „Das gibt es nicht, der Mann kommt mit einem kaputten Knöchel zu Fuß ins Krankenhaus!" Man legte Hannes' linkes Bein in einen Liegegips. Der hielt allerdings nicht lang, denn als der Bauer und Metzger Hannes wieder am heimatlichen Hof war, entfernte er den Gips und die Sache war erledigt.

Man möchte Hannes gerne an der Seite haben, wenn man in eine Szene gerät, die an den Film „The Last Samurai" aus dem Jahr 2003 erinnert. Ein geringes Schmerzempfinden kann von Nutzen sein, etwa beim Zahnarzt oder wenn man schnell an ein Ziel kommen möchte. Befindlichkeiten zur Seite zu schieben hilft auch, wenn am Bauernhof ein kleines Kalb trotz idealer Rahmenbedingungen die kurze Reise aus dem Mutterbauch in unsere Welt nicht übersteht. „Das Kalb stirbt, und das holt dich dann wirklich runter", erklärt Hannes, „aber am nächsten Morgen muss man trotzdem in den Stall, arbeiten, als ob nichts passiert wäre." Und doch ist Hannes beim Tod eines frisch geborenen Kalbs berührt. Vielleicht Elterninstinkt, der den Vater eines Sohnes und zweier Töchter so etwas nicht wegstecken lässt. Aber auch, weil Hannes eine sympathische Schwäche für Schwächere hat. Und nicht immer war ihm diese löbliche Einstellung von Nutzen. Wer lieber da ist, wo der Schwächere ist, wo die Minderheit steht, hat oft die Mehrheit gegen sich. „Mainstreamdenken ist mir ungeheuer",

Der Landwirt bei der morgendlichen Stallarbeit, ein ikonisches Bild, wie man es nur noch in wenigen Betrieben zu sehen bekommt.

sagt Hannes, „und was die Mehrheit meint, muss mir egal sein – und ist es auch."

Manches bereitet Hannes Hönegger dann doch Schmerzen, nennen wir es ein ständiges Ziehen im Nacken, ein permanentes Kopfweh, das sich bis in die Zornesfalte zieht. Hannes verachtet das System, das Bauern als Almosenempfänger sieht, die das Geld nehmen und gefälligst den Mund halten sollen. Er sagt: „Was hat sich für die Bauern in der Covid-Zeit geändert? Die Öffnungszeiten im Lagerhaus."

Corona habe gezeigt, wie abhängig die Bauern von bestimmten Organisationen sind. „Abhängig von der Macht der Konzerne am Futtermarkt, abhängig von der Macht der großen Molkereien und der Schlachthöfe. Wie ein roter Faden zieht sich die Macht von Banken und Organisationen durch sämtliche Tätigkeiten eines Bauern." Das Fleisch, das während der Covid-Zeit anfiel, wurde in Deutschland tiefgekühlt, weil in Österreich keine Kapazität da war. Ein Preisverfall von hundert Prozent war die Folge, der die Branche noch Jahre beschäftigen wird. Oder auch nicht, denn das Fleisch wird ja weiter abgenommen – so leidet zumindest nicht der Landwirt und kreuzt auch weiterhin die richtige Partei an. Unternehmertum ist beim Stand der Landwirte nicht gefragt, es wurde ihnen aberzogen. „Wenn der Milchpreis sinkt", erklärt Hannes Hönegger, „sagt der Bauer: ‚Dann liefern wir halt mehr.'" Dann wird eben mehr gedüngt, dann haben es die Rinder und ihre Kinder eben noch schlechter. Willkommen im Zeitalter der intensiven Landwirtschaft.

Hannes Hönegger über Milchwirtschaft

Got Milk?

Mit diesem Satz warb die amerikanische Dairy-Industrie um Kunden. Die Frage stellt sich, warum man für etwas Werbung machen muss, das naturgemäß selten ist. Und wie kommt es eigentlich, dass es auf der Welt so viel Milch gibt? Und was hat das mit dem Leiden der Kälber zu tun? Bevor ich meinen Beruf als Biobauer antrat, hatte ich mir nie übermäßig viele Gedanken zum Thema Milchwirtschaft gemacht. Milch war einfach da. Ich war ein leidenschaftlicher Konsument von Milchprodukten. Ich mochte und mag die Rohmilch im Kaffee genauso gerne wie ein Stück feinen Käse oder ein schönes, nicht zu mageres Joghurt, beides in unterschiedlichsten Variationen. Ich liebe Topfenpalatschinken!

Nach meiner Haftzeit, als ich im Lungau eintraf, stand die Milchfrage auf einmal da wie eine Zwanzig-Liter-Flasche. An eine Frage, die ich meinem Stiefvater vor rund fünf Jahren gestellt habe, kann ich mich noch heute genau erinnern: „Du produzierst jährlich rund 100.000 Liter Milch, was für diesen schwer zu bewirtschaftenden Hof zwar alles andere als wenig ist, aber im Vergleich zu den Flachlandbauern selbst im Salzburger Land auch nicht wirklich viel. (Anmerkung: Ein österreichischer Milchviehbetrieb hält im Schnitt 22 Milchkühe, jedoch bei Weitem nicht in dieser schwer zu bewirtschaftenden Steillage wie der Tromörthof! Österreichische Milch ist grundsätzlich garantiert frei von Gentechnik.) Jeden zweiten Tag bringen wir den Milchtank rund 500 Meter zur nächsten Sammelstelle. Von dort wird die Milch durch einen eigens beschäftigten Mitarbeiter weitere 1,5 km ins Dorf gebracht und vom Dorf in rund 90 Minuten zur Verarbeitungsstelle nach Salzburg. Wer um Himmels willen zahlt eigentlich diese Logistik?" Seine Antwort war kurz, aber auch aussagekräftig: „Das ist halt so." Und dann sagte er noch: „Fertig." Das ließ mich etwas konsterniert zurück. Für mich ist es auch heute völlig

unerklärlich, wie es kommt, dass da ein so großer Wirtschaftszweig in Österreich existiert, der ausschließlich über Subventionen finanziert wird. Man kann sagen, die subventionierten Milchbauern zahlen sich ihre Subventionen selbst. Allerdings zahlen alle anderen Österreicher*innen, die keine Milchbauern sind, mit.

Ich fand schon zum damaligen Zeitpunkt die Überlegung, in der Landwirtschaft tätig zu sein, sehr spannend. Was für mich jedoch unvorstellbar war, war der Gedanke, für ein System zu arbeiten, bei dem man auf jährliche Almosen aus Brüssel oder von sonstigen Stellen angewiesen ist. Je mehr ich mich mit dem Thema Milchwirtschaft beschäftigte, desto klarer waren für mich die Schlussfolgerungen. Die Erkenntnis, dass wir in Österreich viel zu viel Bio-Milch produzieren, hat in mir keine Motivation ausgelöst. Ein Exportartikel, das fand ich irgendwie langweilig, da fühlte ich mich nicht herausgefordert. Ein Lebensmittel im Preiswettbewerb – nicht meine Tasse Tee. Ich habe mir einmal die Mühe gemacht und gezählt, wie viele verschiedene Milchpackungen in so einem Regal stehen – ich kam in einem wohlbemerkt mittelgroßen Supermarkt auf zwölf verschiedene Sorten. Manche nennen das freie Marktwirtschaft und Wettbewerb, ich nenne das verrückt.

Einschneidend war für mich auch ein Erlebnis, als ich einmal mit meinem Stiefvater zu einer Bauernversammlung ging. Es war niemand Geringerer als der Chef des überregionalen Milchvermarkters vor Ort. Er sprach zu den Bauern. Hielt einen ziemlich langweiligen, sachlichen Vortrag. Da saßen die Lungauer Bergbauern. starke Männer mit sehr viel Stolz und erkennbarer Leidenschaft für ihre Arbeit. Eines sah man ihren Gesichtern an: Sie waren alle sehr, sehr müde, denn es war gegen 20 Uhr. Die Bauern waren müde vom 16-Stunden-Tag, der viel zu früh begonnen hatte. Zur Versammlung kamen alle pünktlich, aber keiner zu früh. Zeitmanagement ist auch für Bergbauern ein wichtiges Thema. Gegen Ende des Vortrags wurde der Monolog des Milchmanagers, der wie ein Priester auf der Kanzel predigte, emotionaler.

Diverse Studien emp-
fehlen, Kuh und Kalb
für die Säugedauer
von sechs Monaten
beisammen zu
lassen. Das wäre auch
ideal für ihr Sozial-
verhalten. Natürlich
würde das dem Land-
wirt die Wirtschafts-
grundlage entziehen,
solange die Preise für
Kalbfleisch so niedrig
sind, wie sie sind. Am
Tromörthof können
wir das jedoch
einhalten und sind
sehr froh darüber.

Er fing an, von Fehlern und falschem Verhalten zu reden und hat regelrecht begonnen, mit den Bauern zu schimpfen, sie zu maßregeln. Nach meinem Dafürhalten war da vieles beleidigend und herabwürdigend. Was mich aber viel mehr schmerzte als der falsche Ton, war Folgendes: Die stolzen Herrenbauern ließen diese Herabwürdigungen über sich ergehen. Ohne Regung, ohne Gegenwehr. Einige der Herren kannte ich ja schon seit Langem, nie hätte ich gedacht, dass sie auch nur einmal so mit sich reden ließen. Dieses Erlebte beschäftigt mich noch heute. Ich ziehe meine Schlüsse daraus, wie jede Leserin, jeder Leser dieses Buches seine Schlüsse aus der Situation der Bergbauern im Lungau ziehen kann.

Man kann sagen, die subventionierten Milchbauern zahlen sich ihre Subventionen selbst. Allerdings zahlen alle anderen Österreicher*innen, die keine Milchbauern sind, mit.

Manche Konsument*innen stört die Tatsache, dass Landwirte Kuh und Kalb meist ein oder zwei Tage nach der Geburt voneinander trennen. Den meisten ist das gar nicht bewusst. Der Landwirtschaft Paradeargument, das müsse zum Schutz für das Kalb so sein, da es ansonsten womöglich durch die Herde erdrückt wird oder anderen Gefahren ausgesetzt wäre, erweist sich in der Praxis als Ausrede. Es ist das System der Landwirtschaft mit allen Subventionen und Gewohnheiten, mit grotesken Preisregelungen, das den Landwirt sanft, aber doch zwingt, die Milch zum Großteil unmittelbar nach der Geburt des Kalbs (denn erst danach gibt eine Kuh Milch – das ist ähnlich wie beim Menschen) an die Molkerei zu verkaufen. Damit verdient der Bauer zwischen 35 und 65 Cent pro Liter. Zum Vergleich: Ein Kalb braucht circa bis zum dritten Monat Milch und trinkt schon seine 10–15 Liter pro Tag (je älter, desto mehr!). Diverse Studien empfehlen, Kuh und Kalb für die Säugedauer von sechs Monaten beisammen zu lassen. Das wäre auch ideal für ihr Sozialverhalten. Natürlich würde das dem Landwirt die Wirtschaftsgrundlage entziehen, solange die Preise für Kalbfleisch so niedrig sind, wie sie sind. Am Tromörthof können wir das jedoch einhalten und sind sehr froh darüber.

Was mich an der Milchwirtschaft irritiert, ist, dass sich die Abgabemenge in den letzten 20 Jahren um die Hälfte gesteigert hat. Eine Kuh im Jahr 2022 gibt mehr als 7.000 Liter Milch pro Jahr. 1996 war diese Menge mit rund 4.500 Litern doch deutlich geringer.

Ich halte diese Intensivierung der Landwirtschaft für gefährlich und der Natur entgegengesetzt. Der Trend bei Milch geht zudem immer mehr in Richtung „Länger-Frisch-Milch". Lag ihr Anteil 2010 noch bei rund 35 Prozent, so verlangen die Konsument*innen 2022 schon über 60 Prozent Länger-Frisch-Milch. Die Frischmilch stagniert bei etwa 10 Prozent. Wie an anderer Stelle erwähnt, wird Österreichs Milch zu einem beträchtlichen Anteil exportiert. Im Jahr 2020 hat Österreich laut Statistiken der AMA Milch und Milchprodukte im Wert von 660 Millionen Euro exportiert. Die Österreicherin, der Österreicher gibt im Schnitt rund 8 Euro pro Monat für Milch aus, für Käse immerhin 18 Euro.

Wie es mit der Milchwirtschaft weitergeht, kann ich nicht einschätzen, dafür bin ich zu sehr in der Praxis und zu wenig in der Theorie. Mir fällt lediglich auf, dass viele Bauern ihre Höfe aufgeben, mangels Nachfolge, aber wohl auch teilweise mangels Perspektive. Immer weniger junge Leute wollen den Beruf ausüben. Im Jahr 1995 gab es in Österreich noch rund 77.000 Milchbauern, 2019 waren es nur noch rund 27.000. Das zu sehen macht mich traurig. Gefährlich für die heimischen Milchbauern finde ich auch die großen Plakate, die beispielsweise aktuell in den Ballungszentren an den Wänden hängen und für Milchalternativen (egal ob von Hafer, Mandel oder Soja) werben und mit Slogans wie „It tastes like milk, but it's made for humans" provozieren. Ein Hohn und eine Beleidigung für jeden Bauern, der schon drei Stunden wach ist, bevor sich der Erfinder dieser Kampagne einen Hafermilchlatte schäumt. Auffällig ist es auch, wenn man so wie ich gerne in ein cooles Café geht, um einen schönen Cappuccino zu trinken. Es kommt immer öfter die Frage: „Mit welcher Milch?" Anfänglich hat mich das noch verwundert, mittlerweile bestelle ich ihn schon klar und deutlich: „Cappuccino mit Kuhmilch bitte!"

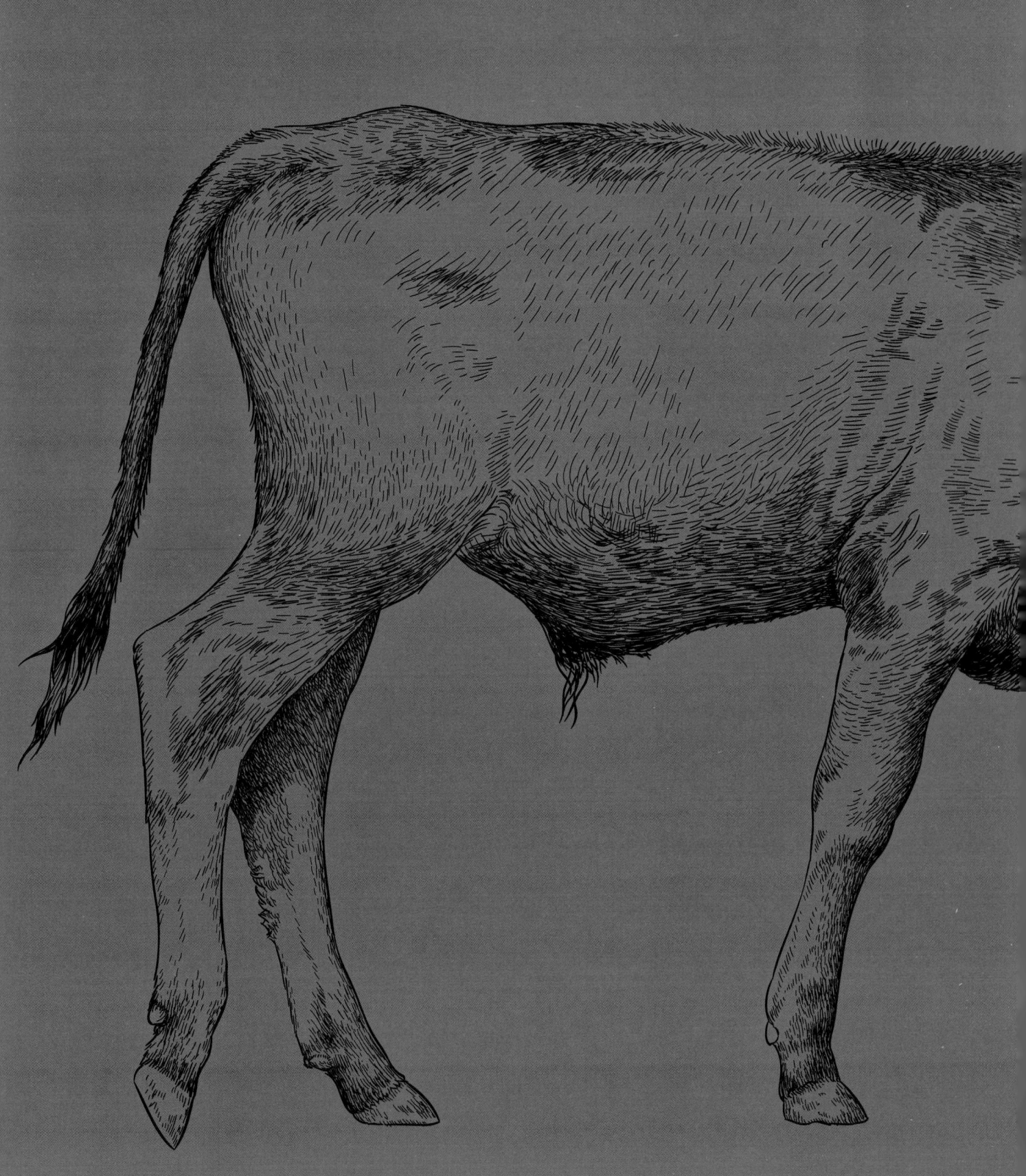

REZEPTE

Das Beste vom Kalb

DER ALPINIST

Andreas Döllerer

Andreas Döllerer feiert mehrmals im Jahr Geburtstag. Die Geburtstage seiner Christl, seiner drei Söhne, seines Vaters Hermann Döllerer und seiner Mutter Martha wollen gewürdigt werden. Außerdem die Geburtstage seiner vielen Verwandten und seiner zahlreichen Freunde und Kollegen.

Wenn es um seinen eigenen Geburtstag geht, macht er keinen großen „Bahö", Döllerer begnügt sich mit einer sehr guten Flasche Wein und mit seinem Lieblingsessen: Kalbsnieren mit dem eigenen Fett, dazu eine Sauce mit Basilikum und Senf und nichts anderes als Reis. Kalbsniere, oft auch ohne Fett, aber fast blutig rosa gebraten, gehört in Frankreich zu den Standards guter Bistros. Wenn Andreas Döllerer in Paris oder in Beaune in den empfehlenswerten Lokalen Gast sein darf und es Rognons de Veau gibt, greift er zu. Aber wie oft geht ein Meisterkoch ins Bistro?

Im Fall von Innereien, besonders denen vom Kalb, sind Frische und Qualität des Fleisches von ebenso großer Bedeutung wie die Art, wie das Kalb aufgewachsen ist und gefüttert wurde. Die Familie Döllerer bezieht ihr Kalbfleisch seit Langem von kleinen Landwirtschaften im Land Salzburg, vornehmlich aus Bad Gastein und seit Neuestem aus dem Lungau. Döllerer, dessen Feinschmecker-Restaurant mit Hauben und Sternen ausgezeichnet ist, sagt seinen jungen Köchen: „Damit ihr es wisst: Unser Wirtshaus ist der beste und wichtigste Teil des Familienbetriebs, hier hat alles angefangen, hier lege ich großen Wert auf bestes Handwerk und Einfallsreichtum." Ins Wirtshaus gehen die Gäste nicht nur wegen der einnehmenden Atmosphäre, sie kommen natürlich auch wegen des berühmten Wiener Schnitzels, das aus Kalbfleisch vom Tromörthof gebacken wird. Was die Gäste darüber hinaus nach Golling zieht, ist die fantastische Innereienküche, die das Haus immer schon auszeichnete, als Kombination aus Wirtshaus und einer der besten Metzgereien Salzburgs ausgestattet mit der Garantie, dass immer besonders gute Teile von Kalb, Rind, Lamm, Schwein, Wild vorrätig sind.

Zu den geheimen Hits zählen seit Neuestem auch Kalbsbratwürstel, die in der Küche auf einem brennheißen japanischen Holzkohlengrill gegart werden und um die die Kalbsbratwurstfans aus Zürich und St. Gallen die Gäste in Golling beneiden dürfen. Kalb stand bei den Döllerers immer schon ziemlich weit oben auf der Genusspyramide, ein weiteres von Andreas' Lieblingsessen ist der Kalbsnierenbraten, den gibt es zu speziellen Anlässen. Und Andreas brät Niere und Kalbsrücken getrennt, um beide perfekt auf den Punkt zu garen. Bei der landesüblichen Zubereitung des Kalbsnierenbratens gerät die Niere, die ins Fleisch eingerollt wird, oftmals zu trocken. Im Gollinger Genusszentrum der Döllerers isst man nicht bloß Fleisch. Zu den Signature Dishes von Andreas Döllerers Cuisine Alpine zählt Fenchel, der in einem Teig gebacken wird, welcher durch die Beimengung von Gletscherschliff vom Großglockner Mineralität und Würze erhält. Ja, Gletscherschliff, Sie haben schon richtig gelesen. Um den Auftritt dieses mit viel Aufwand gegarten Fenchels zu akzentuieren, gibt es dazu außerdem Kaviar vom Grüll aus Grödig bei Salzburg, einer Ikone aus der Abteilung regionale Spezialitäten mit hohem Anspruch und Glamour.

Beim Aufstöbern alpiner Zutaten erweist sich der kulinarische Alpinist Andreas Döllerer seit mehr als zehn Jahren als beständig forschender Foodscout. Manchmal reicht es einfach, in den Wald zu gehen, wenn im Frühling am Flussufer die erfrischend scharfe Bachkresse wächst oder die knallgrünen Tannen- oder Fichtenwipfel darauf warten, gezupft zu werden wie die Augenbrauen eines Försters. Wenn es um Fische und Fleisch oder Gemüse geht, ist es nicht Döllerer, der die guten, kleinen Produzenten auftreiben muss. Sie kommen zu ihm. Seit Neuestem befinden sich auch Hannes Hönegger und der Schlachthof am Tromörthof in Gesellschaft der Döllerer-Partner, zu denen Sigi Schatteiner (Bluntau-Saibling und Forelle von ebendort), Walter Grüll (Stör und Kaviar), Michael Wilhelm (Yak, alte Kuh, Zackelschaf), Tauernlamm (Schaf beziehungsweise Lamm und Kalb), Familie Gnigler (Lamm), Fürstenhof

(Milch) und viele andere zählen. Das Line-up von Döllerers Bezugsquellen ist ein Who's who aus kleinen oder auch bereits größeren Salzburger, oberösterreichischen und Tiroler Spitzenbetrieben, die genau das Maß an Qualität und Verlässlichkeit bieten, das ein Küchenchef wie Döllerer braucht.

Wo findet der Mann die wichtigsten Zutaten für sein Restaurant, nämlich die Ideen? „Ich bin ein Naturbursch", lacht Döllerer und spielt damit auf seine Affinität zu Wintersport und Wandern an. Die klare Höhenluft in Obertauern und auf den Berggipfeln rund um Golling wirkt aufputschend auf den Erfindungsgeist. Hier sieht man auf einmal klar das neue Rezept vor Augen, hier blickt man nicht einfach versonnen ins Tal, sondern auf die Zutatenliste der neuesten Kreation. Etwa einer einfachen Karotte, die nicht einfach in Butter, sondern in Kalbsnierenfett gebraten wird, ein Gipfelerlebnis aus Fett, karamellartiger Süße, Frucht und Salz.

An manchen Tagen ist Andreas Döllerer von der inneren Einkehr abgelenkt, weil seine Ausflüge in die Natur gemeinsam mit seiner Frau und den drei Söhnen stattfinden. Dafür opfert er einen der umsatzstärksten Tage im Wochenzyklus eines Wirtshauses, den Sonntag. An solchen Tagen konzentriert sich alles auf das Sammeln von Preiselbeeren und Pilzen auf Almen und dem Weg zum Gipfel, da verstellen die Gespräche über Schulnoten der Buben (fast immer bestens) oder die Bilanz ihrer Fußballtore (noch besser) den Blick auf neue Küchenkreationen. Deshalb muss das Küchenteam in Golling selbst seinen schöpferischen Beitrag leisten.

Die Liste der Signature Dishes aus Golling ist bemerkenswert und der Küchenchef tut sich schwer, sie von der Karte zu nehmen. Weil er weiß, dass die Gäste wie hungrige Katzen zu miauen beginnen, wenn eines ihrer Lieblingsgerichte nicht vorrätig ist. Der Zander mit einem Dashi aus gerösteten Erdäpfelschalen, mit Lauch und Pilzen gehört dazu, ebenso die Dinkel-Ramen mit Hendlhaxensuppe, zwei Tage in Sojasauce gebeiztem Ei, Duroc-Ripperl, Kohl, Mangold, Tannenflechten und Bio-Wildhendl. Man merkt schon: Japan hat es dem Koch angetan, der aber auch ein Duroc-Schwein mit Pfirsichen zubereitet, also ganz ohne Japan und ganz wunderbar.

Eine Geschichte müssen wir noch erzählen, weil sie symptomatisch ist für das Jahr 1979, in dem Andreas auf die Welt kam, und weil darin nicht Fleisch, sondern Gemüse eine Hauptrolle spielt. In diesem Jahr begab es sich, dass Österreich sich von einer kulinarischen Wüste, bevölkert von fetten Hirtenspießen und Dosengemüse, langsam auf den Weg zu einer blühenden Gastro-Oase machte. Der Weg ging eher gemütlich, aber die eingeschlagene Richtung war unumkehrbar. In diesem Jahr brachte Michael Reinartz den ersten Gault-Millau Österreich auf den heimischen Markt und die Bestecke klapperten ganz ordentlich an den damals angesagten Adressen, als ein gänzlich unbekannter Küchenchef, Karl Ernst Eschlböck, mit seinem Restaurant in Plomberg am Mondsee zum besten Koch Österreichs gekürt wurde. Von da an war nicht Wien, sondern Salzburg mit einer prosperierenden, von den hungrigen und betuchten Festspielgästen gespeisten Szene der Mittelpunkt des Interesses der reisenden Esser. Das Steirereck war Anfang der 80er noch ein braves Wirtshaus und außer den Drei Husaren und dem Jamek in der Wachau gab es östlich von Salzburg fast nichts.

Ein gewisser Rudolf Bayr, Dichter und Intendant des ORF Salzburg, schrieb und aß sich

gerne durch die Welt. Eines Tages tauchte er im Wirtshaus der Familie Döllerer auf. Es gab Tafelspitz zu essen. Rudi Bayr schockierte den Wirt, Hermann Döllerer, der gemeinsam mit seinem Bruder Raimund den Betrieb führte und schon damals als gute Adresse galt, mit einer Frage: „Gibt es vielleicht frische Fisolen?" Hermann Döllerer fühlte sich kalt erwischt, kälter als der Schüler, der zur Tafel gebeten wird und genau weiß, dass er auf die Erledigung der aufgetragenen Hausaufgaben verzichtet hat. Man kochte zu dieser Zeit wie gesagt ausschließlich mit Dosengemüse. Hermann Döllerer eilte davon und weil er sich in seinem beruflichen Leben immer als talentierter Krisenmanager und Improvisateur erwies, trieb er die Fisolen auf. Als Dankeschön erteilte ihm der belesene und kultivierte Bayr einen Crashkurs in Angelegenheiten anspruchsvoller Gastlichkeit. Als Bayr fertig doziert hatte, war es Hermann Döllerer klar: Das will ich auch, und wenn ich es mache, werden meine Familie und ich an vorderster Front mitspielen.

Einige Jahre später wartete der Gault-Millau mit der ersten Haube für die Döllerers auf, die damals noch unter dem Namen „Goldener Stern" um Gäste warben. Man kann es also sagen: Salzburg verdankt eines seiner besten Restaurants einer Handvoll frischer Fisolen.

KAROTTE IM NIERENFETT

Das Kalbsnierenfett in einen Topf geben und bei kleinster Stufe langsam auslassen. Fenchel, Rosmarin und Thymian dazugeben, Karotten 2–3 Stunden im Fett weich schmoren.

Während die Karotten garen, Sud und Grammeln zubereiten. Für den Sud Karotten und Fenchel entsaften. Die Fenchelsamen in einer Pfanne leicht rösten und zum Karotten-Fenchel-Saft geben. Zitronensaft hinzufügen und die Mischung 30 Minuten ziehen lassen. Durch ein feines Sieb passieren und mit wenig Xanthan leicht binden.

Für die Grammeln den faschierten Schweinespeck in einen Topf geben und bei kleinster Stufe auf dem Herd auslassen. Wenn die Grammeln braun und knusprig sind, das Fett durch ein Sieb gießen und die Grammeln auf einem Tuch abtropfen lassen.

Geschmorte Karotten aus dem Fett nehmen und längs halbieren. Mit Salz leicht würzen und mit Sud und Grammeln anrichten, mit Crème fraîche, Karottengrün, Bachkresse und Amarant garnieren.

ZUTATEN
(für 4 Personen als Vorspeise)

Karotten:
250 g Kalbsnierenfett
10 Fenchelsamen
1 Rosmarinzweig
6 Thymianzweige
4 Karotten mit Grün
Salz

Karottensud:
400 g Karotten
60 g Fenchel
1 TL Fenchelsamen
Saft von 1 Zitrone
Xanthan zum Binden

Grammeln:
200 g grob faschierter grüner
  Schweinespeck

Crème fraîche
Karottengrün
Bachkresse
gepoppter Amarant

MILCHKALBSNIERE IM GANZEN GEBRATEN

Die Nieren kräftig pfeffern und salzen. In einer feuerfesten Pfanne in Butterschmalz rundherum anbraten, dann im vorgeheizten Ofen bei 160 °C Ober-/Unterhitze 30 Minuten braten. Aus der Pfanne nehmen, das Fett abgießen und zur Seite stellen.

Im Bratrückstand die in halbe Ringe geschnittenen Schalotten anbraten. Mit Portwein ablöschen, Rindsuppe, Senf, Thymian und Rosmarin zugeben und mit Kalbsjus auffüllen. Langsam auf ⅔ einkochen lassen. Etwas Nierenbratfett und die kalte Butter einrühren.

Niere etwas salzen und im Ofen unter dem Grill (nur Oberhitze) nochmals rundherum knusprig braten. Rosmarin und Thymian aus der Sauce nehmen, frisch geschnittenes Basilikum und geschlagenes Obers unterziehen. Nieren tranchieren und anrichten, Sauce dazu reichen. Mit Reis oder Erdäpfelpüree servieren.

ZUTATEN (für 4 Personen)

2 Milchkalbsnieren im
   Fettmantel (1 cm dick)
weißer Pfeffer
Salz
Butterschmalz zum Braten
2 Schalotten
100 ml weißer Portwein
100 ml Rindsuppe
1 EL grober Senf
2 Thymianzweige
2 Rosmarinzweige
350 ml Kalbsjus
2 EL kalte Butter
Basilikum
2 EL geschlagenes Obers
Reis oder Erdäpfelpüree
   als Beilage

AUS GUTEM GRUND

Sepp Schellhorn

Sepp Schellhorn, sonst ein kultivierter und der Gewalt nicht zugetaner Mensch, nähert sich dem Kalbskopf mit Axt und Messer. Schellhorn, der in seiner Zeit als Abgeordneter nicht wenige Gefechte hinter sich brachte, ohne dass er ins Schwitzen geraten wäre, schnauft und schimpft. Denn Herr Kalbskopf leistet Widerstand.

Nach zwanzig Minuten liegt der Kopf, in seine Einzelteile zerlegt. Knochen, Ohren, Schnauze, Hirn, Gallerte, Fleisch sind zur Entnahme und zur weiteren Verarbeitung bereit. Aus der sogenannten Maske des Kalbes bereitet man Delikatessen zu, so hat Schellhorn es in den Jahren als Jungkoch und Koch in den Betrieben von Ingrid Häupl und Jörg Wörther gelernt, zwei relevanten Größen der österreichischen Küche, zu früh verstorben und den Influencern unter den heutigen Restaurantgästen nicht mehr geläufig.

In den Bistros in Paris, Lyon oder Nizza gibt es Kalbskopf und Hirn im Sud mit Gewürzen gekocht, mit Sauce ravigote aus Kapern und gehacktem Ei.

In Österreich und also auch im Seehof in Goldegg isst man ihn gebacken. Bis der in Scheiben geschnittene und in Mehl, Eidotter und Bröseln gewendete Kalbskopf im heißen Butterschmalz herausgebacken wird und schließlich verführerisch duftend vor dem Gast landet, ist es eine Menge Arbeit. Schellhorn und seine Köche scheuen keine Arbeit, wenn es um ein gutes Essen geht. Nach dem Kochen für unser Foto steht Schellhorn auf der Terrasse des Seehofs. Im Hintergrund läutet die Kirche die Aperitifstunde ein. Schellhorn trägt Maßhemd mit aufgestreckten Ärmeln, dunkle Anzugshose und schwarze Schuhe. Ohne Zigarette sieht man ihn selten, dem Alkohol hat er vor vielen Jahren abgeschworen. Schellhorn und seine Familie zählen zu den Flexitariern. Im Restaurant gibt es eine vegetarische/vegane Speisenfolge, besonders geschätzt von Sepps Ehefrau Susi und den Kindern Franzi, Johannes und Felix. Aber auch von immer mehr Gästen. Ideologie ist dem Unternehmer und Küchenchef hingegen wesensfremd. Er ist ein Fan des „From Nose to Tail", hatte lange Zeit eine eigene Innereienspeisekarte: Kalbskutteln, Kalbsniere, Kalbshirn, Kalbsbries, puristisch zubereitet, frisch, wie es kaum sonst wo zu bekommen ist. Das Kalb kauft Schellhorn meistens in Hälften, dann haben die Leute in der Küche etwas zu tun und den Gästen wird nicht langweilig.

Schellhorn tanzt nicht um das Kalb, aber er hat großen Respekt davor, als Mensch, als Koch, als Wirt und als Bewohner der Salzburger Alpen. Er ist überzeugt: „Das Kalb, oder das Rind, mit seinem Kind, dem Kalb, ist das Symbol der Alpen. Warum sind diese Alpen so schön? Weil die Almen funktionieren. Zum Unterschied von Charolais, die auf Wiesen in Frankreich aufwachsen, ist dieses Kalb der Alpen ja früher nicht als Massenfleisch betrachtet worden, sondern als Stabilitätsfaktor der Almen. Denn die Garantie, dass da auf der Alm nichts erodiert, ist eben das Rind, das im Sommer auf der Alm weidet und den Boden festtrampelt." Sepp nimmt ein paar kräftige Züge und setzt fort: „Es geht nicht nur um die Milchproduktion, sondern auch um die Festigung des Bodens. Aber natürlich liegt es in der Natur dieser Tiere, Milch zu produzieren."

Kurz spricht jetzt auch der ehemalige Wirtschaftssprecher der NEOS, ein Job, den Sepp Schellhorn unlängst an den Nagel gehängt hat: „Hier ist die Agrarwirtschaft schon vor langer Zeit in die falsche Richtung unterwegs. Es wird nur mehr und immer mehr Milch produziert. Und gefördert. Der Fleischkonsum ist ebenfalls pervertiert." War es früher besser? Zumindest in einer Hinsicht: „Früher gab es auch für uns als Wirtshauskinder Fleisch nur zweimal in der Woche, aus einem guten Grund. Mehr auf Qualität zu setzen hieße Verknappung, höherwertige Produkte, weniger Milch und weniger Kälber."

Das Kalb, es ist in der Tat Symbol der Alpen, mit allen Vorzügen und Missständen. Schellhorn ist kein Zahlenmensch, aber ein paar hat er dann doch parat: „Früher gab es Mischrassen, ein Hybridrind produzierte Milch und Fleisch. Das Pinzgauer Rind etwa 7.000 Liter Milch im Jahr. Das ist wenig im Vergleich zu den 13.000 Litern vom Simmentaler Rind. Diese Menge ist eigentlich um ein Vielfaches mehr, als wir brauchen. Der Überschuss geht als Milchpulver nach Afrika, wo die kleinbäuerliche Landwirtschaft gegen die subventionierte Konkurrenz aus der EU keine Chance hat. Aus dem Milchpulver wird dann auch Billigkäse gemacht. Der Milchbauer aus der Nachbarschaft kann mit seinen drei oder sechs Kühen gegen die Billigkonkurrenz nicht antreten. Das hat mit der Globalisierung, aber auch mit fehlgeleiteter Politik zu tun." Jeder, der ein bisschen aufmerksam fernsieht, was leider im Spätabendprogramm läuft, weiß, dass die EU mit ihren Agrarsubventionen unter anderem die zarten Pflänzchen von Landwirtschaft im benachbarten Afrika zunichtemacht.

Die ersten Gäste werden von Sepp Schellhorn begrüßt. Der Hausmops mit dem Namen „Taxi" fetzt über die Terrasse. Sein Vorgänger, Hermann, ist vor Kurzem gestorben. Er hatte bei einer Rauferei ein Auge verloren und galt vielen Hotelgästen als heimlicher Spiritus Rector des Hauses. „Ich kaufe Kälber aus der Gegend, um die Bauern zu unterstützen, ihre Sorgfalt und ihre Mühe, es geht letztendlich auch um Landschaftspflege", sagt Sepp Schellhorn, „Ich zahle 7,50 Euro für ein Kilo Kalb, der Bauer bekommt für 100 Kilo 750 Euro, das ist gutes Geld. Da muss man dann als Koch aber alles beherrschen, was die wenigsten tun, wie ich in meiner Küche immer wieder feststellen muss." Edelteile, wie man bestimmte Stücke eines Tieres nennt, gab es im Seehof nicht, auch keinen Kaviar, keine weißen Trüffeln und keine Gänseleber. Edel ist nur die Suhrkamp-Bibliothek, die sich durch mehrere Stockwerke des Hauses zieht und an deren Inhalt Möchtegern-Literaten unter den Gästen sich ihre Grenzen aufzeigen lassen.

Noch eine Zigarette, Herr Schellhorn? Der Nicht-mehr-Politiker benötigt kein Manuskript, um seine Sicht der Dinge klarzustellen. „Regionale Strukturen wurden nicht nur in der Landwirtschaft, sondern auch bei der Verarbeitung verloren. Bis vor Kurzem war's verboten, Tiere auf der Weide zu töten, dabei wäre das die humanste, am wenigsten schreckliche Methode der Schlachtung. Weil sie am wenigsten Stress verursacht. Ich erinnere mich an die Aufregung, als hunderte Vorarlberger Kälber monatelang auf einem Schiff in Richtung Libanon herumirrten, weil man sie in Österreich nicht brauchen konnte. Ich fürchte, dass Exzesse dieser Art sich wiederholen, wenn wir nicht bald handeln." Zwischendurch nimmt der Wirt einen kleinen, starken Espresso und Wasser mit Zitronenmelisse und Limette. „Der mündige Konsument hat es in der Hand. Wenn ich zumindest montags und mittwochs einmal kein Fleisch esse, verändere ich den Markt, verändere Verhalten und Politik. Der Konsument treibt den Produzenten. Im Idealfall. Aber wir Konsumenten sind geistige Krüppel geworden, die alles aus dem Supermarkt herausräumen, was man ihnen hinwirft. Es gibt auch keinen Metzger mehr, der einen berät."

Sepp Schellhorns Wesen entspricht es, dass er mit kleinteiliger Landwirtschaft und ihren Protagonisten sympathisiert. Etwas anderes ist für ihn schwer vorstellbar. „Eine Supermarktkette macht Werbung mit einem Pseudometzger. In Wahrheit handelt es sich um einen Riesenschlachthof, wo die Tiere hingemetzelt werden. Es gibt ja nur noch wenige Metzger in der Gegend. Ich schmeiß meinen Köchen ein halbes Kalb hin. Die wissen oft gar nicht mehr, wie welches Teil heißt. Wo befindet sich das Kaiserteil fürs Schnitzel? Warum riecht das Flanksteak beim Rind nach Beuschel? (Weil es sich in der Nähe der Lunge, im Inneren des Rindes befindet.) Was mache ich mit dem Hals, was mit einer Brust? Muss ich alles faschieren, was ich nicht verstehe?"

Nicht nur Landwirte verdienten mehr Respekt, auch ihre Tiere, so Schellhorn. „Eine Kuh, die 16 Jahre ihre Dienste geleistet hat, wird am Ende zu einem Preis von 2,35 Euro verkauft, eigentlich muss man entsorgt sagen. Daraus wird Hundefutter. Dabei wäre das ein gutes Fleisch, aber das verstehen wiederum nur Spezialisten, wie so ein Fleisch aufzubereiten wäre. Wie mit dem Fleisch umgegangen wird, das ist ein Verbrechen. Aber es ist auch ein Verbrechen, dass man den Bauern zu einem unmündigen Produzenten gemacht hat. Zu einem Knecht des Lebensmittelhandels und der Banken. Ihm wird die Milch abgenommen. Will er etwas Besseres, wird er mit Auflagen bestraft. Und dann kommt die AMA. Nur die Mutigsten sagen: Ich bin ein stolzer Bauer, stolz auf mein Produkt, es ist mir die Anstrengung, den Aufwand wert."

Eine letzte Zigarette geht noch. „Milch ist ein giftiges Bonbon für unsere Gesellschaft. Früher haben die 7.000 Liter pro Kuh ausgereicht, jetzt muss der Bauer auf Masse produzieren. Alle regen sich auf, aber was dagegen getan wird, ist Subvention. Der Gerede vom Feinkostladen Österreich ist ja ein Witz. Für die meisten Nebenerwerbsbauern reicht der Ertrag aus der Landwirtschaft nicht, eine alte Geschichte. Ein Problem in Österreich ist die Unkultur des Von-rechts-nach-links-Lesens der Speisekarte."

In Deutschland ist es noch schlimmer, dies zur Ergänzung. Wir sind Diener des Billigpreises. „Ein Schnitzel kostet im Möbelhaus drei Euro, ein Fangschnitzel, damit jemand dann einen Polster aus Bangladesch kauft. Den Kunden wird der Eindruck vermittelt, dass ein Schnitzel nicht mehr kosten darf. Würde ich eine politische Entscheidung treffen können, wäre es diese: Ein Möbelhaus sollte kein Essen verkaufen dürfen." Wer Hunger hat, soll nicht ins Möbelhaus, schließlich verkauft ein Gasthaus auch keine Wohnlandschaften und Kissen. „Ich verwerte in meinen drei Betrieben in einem normalen Jahr 52 Rinder, ich serviere auf der Skihütte Bolognese mit einem Sugo vom Biorind. Meine Gulaschsuppe ist aus Biorind. Das kostet natürlich, aber Fleisch sollte nicht eine Angelegenheit einer Elite sein. Fakt ist, dass wir in einem einfachen Haushalt kein Fleisch mehr verstehen und verarbeiten können. Die Menschen haben verlernt, was was ist und was man damit macht. Es gibt von jedem Tier das Teure und das weniger Teure. Aus dem weniger Teuren lassen sich tolle Gerichte machen, wenn man sich damit beschäftigt. Eine Frage der Bildung. Wenn wir

besser und gesünder leben wollen, müssen wir wie mündige Konsumenten auftreten und so handeln. Und auch mal verzichten können, um uns dann einmal ein teureres Festmahl leisten zu können. Den Festtagsbraten, wie ich ihn nenne. Joints raucht man auch nicht so oft wie Tschicks."

Sepp Schellhorn dämpft den letzten Tschick des Gesprächs aus. „Wenn man sich ansieht, wie viel Milch und Kalb wir exportieren, sieht man, was alles schiefläuft. Ein Kilo Kalb um 12 Euro wäre meine Idealvorstellung. Ich verkaufe das Kotelett dann um 45 Euro, schließlich haben alle etwas davon. Und der Kunde versteht und ist bereit, das zu bezahlen."

DAS KALB ALS HERZSTÜCK UNSERER
AHLENREGION. ES IST DIE
PUMPE FÜR EINEN FUNKTIONIERENDEN
KREISLAUF UNSERER AHNEN UND
WIESEN EIN LEBEN OHNE
KALB IST MÖGLICH ABER
AUSSICHTSLOS FÜR UNS ALLE!

GEBACKENER KALBSKOPF

Kalbskopfhälfte mit Zunge in kaltem Wasser mit dem grob geschnittenen Gemüse, Zwiebel, Knoblauch und allen Gewürzen langsam aufkochen, ca. 2 Stunden bei niedriger Temperatur garen. Für die Maske die Haut vom Knochen trennen, vorsichtig das Fett und die „dunklen" Stellen wegschaben. Die Zunge schälen. In eine Terrinenform zuerst die Maske und dann in die Mitte die Zunge legen. Mit einer mit Wasser befüllten Schüssel o. Ä. beschweren und im Kühlschrank über Nacht durchkühlen lassen.

Kartoffeln in gesalzenem Wasser mit etwas Kümmel kochen. Schälen und in feine Scheiben schneiden. Salatgurke schälen, der Länge nach aufschneiden, Kerngehäuse entfernen und die Gurke in 0,5 cm dicke Scheiben schneiden. Knoblauch fein hacken, mit Sauerrahm, Paprikapulver, Essig und Salz zu den Gurkenscheiben geben, vorsichtig, aber gut vermengen.

Kalbskopf aus der Form lösen und in 2 cm dicke Scheiben schneiden. Mit Mehl, Ei und Semmelbröseln panieren, in Butterschmalz auf beiden Seiten goldgelb backen. Petersilie am Ende kurz mitbacken. Kalbskopf mit Erdäpfel-Gurken-Salat und gebackener Petersilie servieren.

ZUTATEN (für 4 Personen)

Kalbskopf:
1 Kalbskopfhälfte mit Zunge
1 Karotte
1 Knollensellerie
1 Zwiebel
1 Knoblauchknolle
Lorbeer
Wacholder
Salz
griffiges Mehl zum Panieren
versprudeltes Ei zum Panieren
Semmelbrösel zum Panieren
Butterschmalz zum Ausbacken
Petersilie

Erdäpfel-Gurken-Salat:
3 festkochende Kartoffeln
Salz
Kümmel
1 Salatgurke
1 Knoblauchzehe
125 ml Sauerrahm
1 Prise Paprikapulver
1 Spritzer scharfer Essig
Salz

"

**Regionale Strukturen
wurden nicht nur in der
Landwirtschaft, sondern
auch bei der Verarbeitung
verloren. Bis vor Kurzem
war's verboten, Tiere
auf der Weide zu töten,
dabei wäre das die humanste,
am wenigsten schreckliche
Methode der Schlachtung.**

"

Sepp Schellhorn

STOLZER AUF TRADITION UND QUALITÄT

Dominik Stolzer

Dominik Stolzer ist Steirer, das Backhendl im Sacher ist dennoch nicht ein steirisches Backhendl, sondern die Wiener Version. Die beiden Macharten unterscheiden sich in der Portionierung und im Schnitt, die steirische ist meistens knuspriger und deshalb schmackhafter.

Dass der Küchenchef des Sacher dennoch Wiener und nicht steirisches Backhendl anbietet, erklärt uns einiges. Es sagt uns, dass er nicht seine Person und damit seine Herkunft in den Mittelpunkt seiner Arbeit stellt, sondern den Respekt vor dem Haus, seiner Tradition und der Stadt Wien, die dem Sacher stets geschichtlichen und geschäftlichen Hintergrund liefert. Der Weltruhm des Sacher ist ohne das kaiserlich-königliche Wien, die Staatsoper und ihre Künstler*innen, den echten und den Geldadel und die Kultur des Wiens der Vorkriegszeit schwer vorstellbar. Auch nach dem Untergang der Monarchie blieb das Hotel eine Wiener Ikone, die nach der Familie Sacher bekannte Torte ein Wahrzeichen der Stadt, einer der beliebtesten Inhalte aller je auf der Welt versandten Postpakete.

Wer unter unseren Großeltern erinnert sich nicht an die TV-Serie „Hallo – Hotel Sacher, Portier", eine Art von Straßenfeger (das Wort bezeichnete Serien, die das Zeug hatten, die Menschen vor die TV-Geräte zu locken) in der Schwarzweiß-Prä-Kabelfernsehen-Ära. Und als es Farbe im Fernsehen längst schon gab, durfte auch Österreichs Hollywood-Regisseur Robert Dornhelm über das Sacher drehen und ließ die Darstellerin der Anna Sacher wirkungsmächtig blauen Zigarrendunst in die Kamera blasen. In dieser Hotellegende als Küchenchef zu arbeiten, ist gewiss nicht einfach. Dominik Stolzer ist ein gefasst wirkender Mensch, er könnte auch Vorstand in einem steirischen Autozulieferungsbetrieb sein, Abteilung Research & Development. Immerhin: Um die fünf Outlets der Sacher-Gastronomie zu führen, benötigt man einiges an Management-Wissen und Talent zur Menschenführung. Werfen wir einen Blick hinter die so oft schon abfotografierten, glamourösen Kulissen des Hotels Sacher.

„Hier", in der Roten Bar, wo wir einander am Nachmittag nach einem fulminant guten Mittagessen treffen, sagt Stolzer, „haben wir von mittags bis 22 Uhr abends durchgehend Schichtbetrieb, achteinhalb Stunden pro Frau und Mann. Da muss alles perfekt organisiert, lange im Vorhinein geplant sein. Denn natürlich darf das Familienleben der Mitarbeiter nicht zu kurz kommen, so sie eines haben." Ausbeutung und 15-Stunden-Tage in der Gastronomie seien weitgehend Vergangenheit, so Stolzer. Trotzdem kommt es wie im Spitzensport manchmal zu außergewöhnlich anspruchsvollen Situationen. „Nach gewissen Vorstellungen an der Oper geht es um 23 Uhr wieder von vorne los."

Wie viele Arbeitsstunden Stolzer selbst hat, darf er offiziell nicht sagen. „600 Gäste sind es beim Opernball. Da werden fünf Gänge gegessen, Gänseleber, dann Filet, Trüffel, das Ganze eigentlich in kurzer Zeit. Gegen 21 Uhr gehen die Gäste hinüber in die Staatsoper." Wenn dann der letzte Bon in der Küche abgearbeitet wurde, geht ein leichter, kaum hörbarer Seufzer der Erleichterung durchs Team. Es gibt übrigens eine Geschichte, dass sich reiche Wiener mitunter ein Zimmer im Sacher mieteten, nur um sich umzuziehen – oder auch das Opernballkleid öfter zu wechseln. Wie gesagt: eine Geschichte.

Über das Sacher kursieren viele Legenden, etwa jene, dass zu Kaiser Franz Josephs Zeiten der Hofadel und seine Entourage sich hier stärkten, bevor es zu einem Mittagessen mit dem Kaiser ging, der für die Kärglichkeit seiner Bewirtung bekannt war. Das Pech für seine Gäste: Wenn der Kaiser das Besteck zur Seite legte, war auch für die anderen am Tisch die Mahlzeit vorbei.

Hat Franz Joseph das mit Absicht getan, um die Wohlfahrt der Familie Sacher und ihres Restaurants zu fördern? Er selbst ließ sich nie im Hotel sehen, seine Freundin Katharina Schratt allerdings sehr wohl, und auch die Kaiserin Sisi war da, und weil das Sacher in puncto Geheimtüren und Chambres séparées durchaus mit Schloss Versailles vergleichbar war, wird man eigentlich nie genau erfahren, wer sich da früher mit wem wo und wie oft getroffen hat. Geschweige denn, was der Zweck des Treffens war. Man lebte nicht vom gekochten Rindfleisch allein. Das inspirierte Arthur Schnitzler übrigens zu seinem Stück „Der Reigen", das ob seiner „Aufforderung zum Ehebruch" wegen Erregung öffentlichen Ärgernisses verboten wurde. Das Urteil währte nicht lange, aber Arthur Schnitzler war darüber so verärgert, dass er nun selbst ein Aufführungsverbot verhängte. Man muss sich das vorstellen: Der „Reigen" wurde erst 1982 wieder aufgeführt.

Küchenchef Stolzer offeriert eine weitere Kennzahl: 2019 knapp 1,5 Millionen Couverts in allen Outlets. Auch im Herbst 2021 ist das Sacher gut gebucht, die Restaurants sind gefragt, doch der Grüne Salon hat geschlossen. Lockdown? „Nein, wir bekommen kein Personal." Sogar das berühmte Hotel Sacher hat Schwierigkeiten bei der Rekrutierung. „Es spitzt sich gerade alles zusammen, Lebensmittel und Personal werden teurer, die Preise werden unweigerlich steigen. Die Gäste werden für Qualität zahlen. Das Portfolio anzubieten wird immer schwieriger." Qualität kostet, nicht unbedingt eine Neuigkeit, schon gar nicht für einen Küchenchef, der immer auf der Suche nach dem Besten ist, das in sein Kalkulationsschema passt. „Auf

Lungaugold und das Kalbfleisch von dort stieß ich über Joerg Lehmann, mit dem ich bereits ein Kochbuch herausgebracht habe." Es ist der Biss dieses Fleisches, der Stolzer begeistert. „Das Fleisch hat eine tolle Textur, ist nicht so schwammig wie anderes." Natürlich müsse man als Koch aus solchen Produkten auch das Beste machen. „Normales Filet wäre zu normal gewesen, das Rezept Colbert ist ja ein Klassiker, einer, der aber selten gemacht wird, es macht das Filet interessanter."

Stolzer weiß, was er dem Ruf des Hauses und den Vorstellungen der Gäste schuldig ist: „Wir müssen Klassik bieten, unter anderem Table Side (das Arbeiten, Vorlegen und Servieren am Tisch des Gastes), das liebe ich." In der Grünen Bar wird am Tisch das Tatar zubereitet, in der Roten Bar vor den Gästen die Crêpe Suzette flambiert." Der Ruf des Hotels ist keinesfalls eine Bürde, eher ein Privileg: „Man findet hier tolle Lieferanten, die stehen Schlange. Besonders die kleinen Bauern und Landwirte müssen mit mir nicht über den Preis diskutieren, ich habe da freie Hand." Dabei sind alle Köche aufgefordert, mitzuentscheiden, an der Gestaltung des kulinarischen Angebots mitzuarbeiten. „Der Koch als Erfüllungsgehilfe hat ausgedient."

Neben den bemerkenswerten und in beachtlicher Qualität bewältigten Mengen an gekochtem Tafelspitz mit allen je in Kochbüchern angeführten Beilagen (Apfelkren, Semmelkren, Spinat, Erdäpfelschmarren, Schnittlauchsauce, Markknochen) und Wiener Schnitzel haben Stolzer und sein Team den Ehrgeiz, anspruchsvolle Gaumen zu begeistern. Also: Sacher-Gänseleber-Torte mit Marillengelée und

Brioche, hervorragend. Bauernei mit Erdäpfel-Haselnuss-Creme und Albatrüffel, ebenso hervorragend. Diät steht im Sacher nicht auf der Speisekarte, obwohl beim Tafelspitz vorsorglich schon mal der Fettrand vor dem Servieren entfernt wird.

„Einmal stand ich nach einem Silvester vor dem Eingang und dachte: Wie viele Tiere habe ich in den letzten fünf Jahren verarbeitet?" Die Erkenntnis daraus ist für Stolzer Respekt und ein wenig Demut. Köche sollten Bescheid wissen, dass ein Kalb, ein Rind nicht nur aus den edlen Teilen besteht. „Wir schauen uns die Tiere als Ganze an, Hannes ist diesbezüglich ein wichtiger Partner." Jede Köchin, jeder Koch sollte über gewissenhafte Tierhaltung Bescheid wissen und darüber, dass Adrenalin für sie, für ihn während der Arbeit nützlich wäre – aber nicht für das Tier, bevor es geschlachtet wird.

„Bei allem Respekt" – so hört man es in Österreich öfter. Selten hört man die Namen von Lieferanten und Landwirten in den noblen Gemächern und Gästezimmern des Sacher. Sehr präsent sind dafür die Namen berühmter Gäste aus Kunst, Literatur, Weltpolitik. Bci allem Respekt: Wie wäre es mit einem kleinen Foto eines glücklichen Kalbes in der Galerie der Prominenten-Abbildungen und -Unterschriften? „Das ist Susi, ein Biokalb aus dem Lungau. Susi führte ein gutes Leben in den Bergen, mit Bio-Futter und ausreichend Bewegung an der frischen Luft, bevor sie sanft und ohne Stress am Tromörthof geschlachtet wurde. Genießen Sie Ihr Essen." Okay, das Foto wird es nicht geben. Aber wem es im Sacher schmeckt, sollte Susi und ihren Verwandten hie und da einen Gedanken widmen.

KALBSFILET COLBERT MIT ZWETSCHGE

Filet für das Confit in Stücke schneiden, in Jus langsam sehr weich schmoren. Abseihen, mit den Fingern in kleine Streifen zerteilen. Mit etwas Jus vermengen, mit Kräutern, Salz und Pfeffer abschmecken und in einer mit Backpapier ausgekleideten Auflaufform ca. 3 cm hoch verteilen. Mit Backpapier bedecken, eine weitere Form darauflegen, Confit über Nacht im Kühlschrank fest werden lassen.

Filet für das Kalbsfilet Colbert parieren, mit einem scharfen Messer in feine Scheiben schneiden. Plattieren und zugedeckt in den Kühlschrank stellen. Wirsingtrunk entfernen, die Blätter abzupfen, waschen, in kochendem Wasser kurz blanchieren und in Eiswasser abschrecken. Den dicken Stiel entfernen, Blätter der Länge nach halbieren und auf Küchentuch trockenlegen. Auf Frischhaltefolie der Länge nach auf einer Fläche von ca. 25 x 10 cm auflegen. Filet darüberlegen, würzen und mit Wirsing bedecken. 1 Karotte auf 10 cm kürzen und an den Beginn der Wirsing-Kalbs-Bahn legen. Fest einrollen und gut in Frischhaltefolie eindrehen, die Seiten verknoten. Auf dieselbe Weise eine zweite Rolle herstellen (Wirsingreste für Sauce und Confit aufheben). Einen Topf Wasser auf 56 °C erhitzen, Rollen 10 Minuten pochieren.

Die Zwetschgen entsteinen und in ca. 3 mm feine Würfel schneiden. In einem kleinen Topf Butter erhitzen, Zwetschgenwürfel anschwitzen. Mit Portwein und Madeira ablöschen, würzen und reduzieren, bis die Zwetschgen die Flüssigkeit vollständig aufgenommen haben. Sellerie ebenfalls in ca. 3 mm feine Würfel schneiden, salzen und ca. 10 Minuten ziehen lassen.

Für die Sauce Schalotte und Knoblauch fein scheiden, mit Wirsing in Öl farblos anschwitzen. Mit Portwein ablöschen, mit Fond aufgießen, ca. 20 Minuten leicht köcheln lassen. Mit einem Stabmixer pürieren, durch ein Sieb passieren, mit Salz und Pfeffer abschmecken und mit in Wasser angerührter Stärke leicht binden.

Confit stürzen und kreisförmig ausstechen. Bei 100 °C Ober-/Unterhitze 10 Minuten im vorgeheizten Ofen erwärmen. Kalbsfiletrollen aus der Folie wickeln, Karotten entfernen, die Rollen ebenfalls im Ofen bei 100 °C kurz aufwärmen. Confit mit Wirsing ummanteln, mit Zwetschgenragout bedecken und Selleriewürfel daraufgeben. Filetrollen halbieren, im Kürbiscrumble wälzen, mit Confit und Sauce anrichten.

ZUTATEN (für 4 Personen)*

Kalbsconfit:
400 g Kalbsfilet
 (Kopf oder Spitzen)
250 ml Kalbsjus (S. 171)
fein gehackte Kräuter
Salz
Pfeffer
einige blanchierte
 Wirsing-Blätter

Kalbsfilet Colbert:
400 g Kalbsfilet
1 kleiner Kopf Wirsing
2 Karotten
Salz
Pfeffer

Zwetschgen und Sellerie:
8 Zwetschgen
½ EL Butter
6 cl Roter Portwein
4 cl Madeira
Salz
Pfeffer
1 Stangensellerie

Wirsing-Sauce:
1 Schalotte
1 Knoblauchzehe
Reste vom blanchierten Wirsing
Öl zum Anschwitzen
6 cl weißer Portwein
200 ml Kalbsfond
Salz
Pfeffer
Speisestärke zum Binden

Kürbiscrumble:
50 g fein gemahlene gesalzene
 Kürbiskerne

Andreas Hofmayer

DIE GROSSE CHANCE

Andreas Hofmayer

Hannes Hönegger legt auf. Die Ankündigung sorgt in Velden im Sommer für volle Clubs. Seine Hits sind Paillards, Koteletts und T-Bones vom Lungauer Biokalb, und Hannes legt sie auf den Grill. Mit einer größeren kulinarischen Attraktion kann Velden nicht aufwarten. Hönegger, gefeierter als jeder DJ – wer hätte das vor einem Jahr gedacht, als Corona und der Lockdown Schneisen der Verwüstung durch Österreichs Seelen, Wirtschaft und Tourismus zogen?

Andreas Hofmayer und Hannes Hönegger haben sich eine Stunde Zeit zum Plaudern auf der Terrasse in Andreas' Privathaus genommen. Wer Andreas Hofmayer kennt, muss den Satz gleich noch einmal lesen: Andreas und Hannes haben sich eine Stunde Zeit zum Plaudern genommen. Die Terrasse kennt der umtriebige Unternehmer eher aus Schilderungen seiner Frau und ihrer Kinder. Wie auch den schönen Garten davor. Hier erscheint die Betriebsamkeit der Veldener Cafés, Bars und Hotels, der Restaurants und des Casinos kilometerweit entfernt, obwohl es gerade ein paar Minuten zu Fuß sind. Die Betriebsamkeit Veldens war es, die Andreas Hofmayer, penibel planender Hotelier in der dritten Generation, vom Katschberg an den Wörthersee zog. Nicht etwa, um dort in einem der Beachclubs abzuhängen. Erstens, weil er mit derlei Zerstreuung für sich selbst

nichts im Sinn hat. Und zweitens, weil es damals in Velden kaum Beachclubs gab. Velden war zu dieser Zeit ein touristisches Murmeltier, Qualität dem Geschmack der Masse geschuldet, statt Bentleys und Porsches defilierten Golf GTIs über die Uferstraßen.

Der Wörthersee war höchstens für Fernsehserien gut. Andreas Hofmayer zog es genau dahin, er erkannte das Potenzial des schönen Sees mit der großen Vergangenheit. Vor vierzehn Jahren gründete er am südlichen Wörtherseeufer den SOL Beach Club, dessen Vorbilder irgendwo zwischen Ibiza und Mykonos zu finden sind, sicher aber nicht in Österreich, wo es solches bis zu dem Zeitpunkt noch nirgends gab. „Damals kam Bewegung in die Wörthersee-Gastronomie", sagt Hofmayer. Ein Lokalaugenschein im Frühsommer: Vor dem Club schaukeln ein paar Motorboote, auf der Terrasse loungen die Schönen und Reichen des Wörthersees und jene, die so reich sind, dass sie sich nicht mehr schön machen müssen. Sushi und Sashimi in allerlei optisch auffälligen Variationen werden neben Riesentellern Spaghetti mit Tomaten aufgetragen, Drinks, die das Adjektiv „fancy" verdienen, gibt's hier ebenso wie Champagner. Abends, eigentlich schon am späten Nachmittag, ist Cocktailstunde. Zu Hofmayers Betrieben zählen die elegante Villa Bulfon mit dem feinen Restaurant „Rosé", einer der schönsten Plätze am Wörthersee, ebenso wie Bars und eine Handvoll wirklich guter Hotels in der Bucht von Velden.

Als Hannes im Spätwinter 2021 auf Andreas trifft, gibt es von Hannes' Seite dringenden Nachfragebedarf, keiner hat für das gute Bio-Fleisch aus dem Lungau Verwendung, weil der Tourismus sich in seiner ernstesten Krise seit vielen Jahrzehnten befindet. Nun ist Andreas einer der wichtigsten Wegbegleiter von Hannes Hönegger: „Ich habe Andreas erst vor Kurzem persönlich kennengelernt. Ich fand es gut, was er macht. Ich merkte dann, dass auch Andreas, dessen Betriebe sehr vielseitig sind, uns beobachtet und was wir machen." Hofmayer habe lange Probleme mit regionalen Lieferanten gehabt, weil sie das Niveau an Menge und Qualität nicht halten konnten. „Dann bekamen wir die Chance zu performen." Während Corona und des Lockdowns ruhten die Betriebe des Unternehmers Hofmayer, er hatte Zeit, einiges umzustellen. „So komisch es klingt, ich habe Corona auch einiges zu verdanken", sagt Hannes. Und Andreas ergänzt: „Die Qualität des bei uns verwendeten Fleisches, und ich sage jetzt absichtlich Bio, wird hier am Wörthersee immer wichtiger. Die Gäste wollen wissen, was sie essen." Man versuche schon länger das umzusetzen. „Mittlerweile ist ja Bio schon fast Standard und wenn man dann Bio regional bekommt, ist es am besten."

Andreas Hofmayer stammt auch von einem Bauernhof ab. Das schärft das Verständnis für das Funktionieren von Landwirtschaft. „Wir haben unsere Tiere damals nicht nach Bio-Richtlinien, aber sehr rücksichtsvoll gehalten. Ich war bei vielen Schlachtungen dabei und ich habe gesehen, wie die Schweine abgestochen werden." In diesem Bereich, auch wie eine ordentliche, tierfreundliche Schlachtung funktioniert, kann man Andreas Hofmayer nichts vormachen. Er erinnert sich: „Bei Kälbern und Schweinen reichte meistens ein Schuss, allerdings einen Stier zu schlachten, war manchmal brutal." Das sei auch nie ungefährlich gewesen für den Schlachter. Dass die letzten Minuten vor dem Tod für die Qualität des Fleisches so relevant sind, hatte man früher nicht auf dem Radar.

„Man muss sagen, dass wir hier nicht Spitzengastronomie betreiben, sondern ein System etabliert haben, das unabhängig von den handelnden Personen funktioniert. Auch der Frühstückskoch muss ein gutes Beef Tatar machen können." Denn dem Gast ist die Person dahinter egal, er beurteilt die Qualität auf dem Teller. Sind Gäste bereit, den Preis für bessere Qualität zu zahlen, auch an der Partymeile Wörthersee? „Die Bereitschaft ist absolut da, gerade bei Fleisch wollen die Leute etwas Gescheites, Bio-Qualität, schonend geschlachtet, gut gereift, deshalb nehmen sie auch kleinere Mengen, also 180-Gramm-Steak statt 300-Gramm-Steak. Die Leute wollen sich auch nicht mit großen Mengen zu Tode essen." Was absolut selbstmörderisch wäre, das weiß Hofmayer: „Für einen Burger einen hohen Preis zu verlangen und schlechte Qualität zu bieten." Das passiert aber nicht und dafür hat man etliche Monate gearbeitet: „Wir haben mit Lungaugold mehrere Gerichte entwickelt, Burger, Beef Tatar, Kalbs- und Rindsfilet als Tagesempfehlungen. Manchmal schreiben wir die Herkunft des Fleisches dazu."

Früher sei es schwierig gewesen, den Produzenten zu nennen, wenn dann letztendlich die Qualität nicht gepasst hätte. „Dieses Jahr ist das Testjahr für Hannes, die große Chance, er muss jetzt liefern. Im Jahr 2022 wird man mehr sehen." Hannes kaut am Schnürchen seines Kapuzenpullis. „Kleine Manufakturen sind ja für große Unternehmen immer auch ein gewisses Risiko." Hannes: „Wenn ein Bauer im Oktober Erdäpfel anbietet, der Unternehmer diese aber im Mai braucht, ist es schwierig. Deshalb und auch aus organisatorischen Gründen haben viele etwas Angst vor der Zusammenarbeit mit lokalen Bauern." Das sei verständlich, aber auch schade. Man habe viel an den Abläufen und den Gerichten gearbeitet, jeden Handgriff perfekt geplant. Als Andreas dann Hannes im Frühjahr 2020 im Lungau besuchen wollte, erkrankte er selbst an Covid-19. „Ich war drei Wochen außer Gefecht, dann stand das Aufsperren kurz bevor."

Hannes erzählt: „Wenn wir für das ,Rocket Rooms' und andere Hofmayer-Betriebe unsere Lieferungen vorbereiten, bedeutet das eine Jahresplanung. Wir sind da pingelig und bestens organisiert." Eine kleine Einheit beliefert einen Großabnehmer. Andreas erklärt, wie das läuft, und macht keine Geheimnisse daraus: „Hannes lässt das Fleisch bei sich reifen, friert es ein und wir bekommen die Ware hygienisch perfekt geliefert, wenn wir sie brauchen." Was überzeugt einen Abnehmer wie Andreas Hofmayer, der schon viel probiert hat, an einem Fleisch wie diesem? „Nach Corona schmecke ich gerade nicht wahnsinnig viel, maximal das Salz der Kapern in meinem Pasta-Rezept, aber ich erinnere mich an Verkostungen: Lungaugold gegen andere namhafte Anbieter. Was uns auffiel, war der Geschmack, den ich als ,ehrlich' bezeichnen würde. Manche Kalbsstücke kann man bei Hannes kaufen und sonst nirgends, etwa Nuss, Flanksteak oder Tomahawk vom Kalb. Das zu haben, was andere nicht haben, ist unser Asset am Wörthersee. Dazu zählt auch Bio-Wagyū aus dem Lungau, ebenfalls eine Rarität."

Für Hannes zählt Andreas zu den Kunden, mit denen er, wie er sagt, auch spinnen kann:

„Kunden und Küchenchefs kennen sich ja bei der Qualität mittlerweile gut aus, wir sind froh, dass wir da mit dabei sein können. Mit manchen Partnern setzen wir besondere Dinge um." Der Vorteil: Andreas Hofmayer kann selbst kochen, obwohl er kein gelernter Koch ist. Er erzählt: „Ich stand immer am Pass, war Food Runner und habe mir die Abläufe in der Küche genau angeschaut, die Temperaturen, wie alles zusammenspielt. Als ich einmal selbst in die Küche des ,Rocket Rooms' musste, weil wir absolut kein Personal hatten, merkte ich, wie schwierig es ist, ein Steak mit Pasta und einen Burger in gleicher Qualität und zum gleichen Zeitpunkt zu den Gästen zu bringen und nebenbei drauf zu schauen, dass die Garnelen nicht anbrennen."

Nicht nur rund um den Wörthersee versucht Andreas Hofmayer seine Ideen Schritt für Schritt umzusetzen. Sein Unternehmen trägt den Namen Great Times Company, an einer Markenstrategie wird ebenso gearbeitet wie am neuen Restaurant ,Rosengarten', das 2022 eröffnet werden soll. „Casa Androz" nennt sich ein weiteres Hofmayer-Projekt im Raum Wörthersee. Alte Villen werden revitalisiert und in kleine Chalets im Premium-Segment umgewandelt. Die erste bereits umgebaute Villa befindet sich über den Dächern von Velden, mit der Vermietung dieser startet das Unternehmen im kommenden Mai. Er selbst kümmert sich vor allem um Strategisches: „Die Entwicklung und die Umsetzung von Ideen und Visionen brauchen Zeit und vertragen keinen übertriebenen Stress. Daher musste ich mich von den operativen Aufgaben ein wenig freispielen." Hat er also doch mehr Zeit für die Terrasse? „Nun, mein jüngster Nachwuchs ist gerade erst zwei Monate alt, da gibt es einiges zu tun."

Auch Hannes muss sich täglich um den Nachwuchs kümmern, in seinem Fall sind es die Kälber am Tromörthof. Wenn sein Job beginnt, gehen Andreas' Gäste im Sommer meistens erst ins Bett.

TAGLIOLINI „ANDROZ DELICATEZ"

Backrohr auf 160 °C Ober-/Unterhitze aufheizen. Kapern gut abtropfen lassen, die Hälfte auf Backpapier legen und im Backrohr ca. 10–15 Minuten trocknen. Kalte Butter würfelig schneiden, bis zur Verwendung in den Kühlschrank stellen. Zitronenzesten abreiben und Zitrone auspressen.

Die Kalbsnuss quer zur Faser in ca. 2 cm dicke Steak-Scheiben schneiden, salzen und im Öl in einer Pfanne beidseitig scharf anbraten. Aus der Pfanne nehmen und rasten lassen.

Schalotten kleinwürfelig schneiden, im Bratensatz glasig andünsten. Parallel dazu Tagliolini in gut gesalzenem Wasser kochen (Kochzeit beachten, damit genug Zeit bleibt, um die Sauce zu reduzieren). Die nicht getrockneten Kapern zu den Schalotten geben, mit Kalbsjus ablöschen. Die Sauce kurz aufköcheln lassen, Obers hinzugeben, Sauce leicht reduzieren.

Wenn die Tagliolini al dente sind, mit einem Lochschöpfer direkt aus dem Kochwasser in die Sauce geben (so bindet die in den Nudeln enthaltene Stärke die Sauce). Kalte Butter und Zitronensaft hinzufügen und umrühren, nicht mehr aufkochen. Nach Bedarf 2 Esslöffel Nudelkochwasser zum Abbinden hinzufügen. Nudeln in der Sauce mehrmals durchschwenken. Parallel dazu die Steaks in einer neuen Pfanne mit den Tomaten in Butter auf beiden Seiten nochmals erwärmen (Vorsicht, die Butter nicht zu stark erhitzen).

Tagliolini mit einer Zange in einem Suppenschöpfer zusammendrehen und auf den Tellern anrichten. Steaks aus der Pfanne nehmen und gegen die Faser in feine Scheiben tranchieren. Auf den Nudeln auffächern. Mit Zitronenzeste bestreuen, getrocknete Kapern darüberstreuen und die Steaks mit Salz würzen. Nach Belieben mit Jungzwiebelringen, Kräutern und Parmigiano Reggiano toppen.

Tipp: Idealerweise frische handgemachte Tagliolini verwenden.

ZUTATEN (4 Personen)

50 g kleine Kapern in Salzlake
125 g kalte Butter
½ Bio-Zitrone
400 g Kalbsnuss (am besten von Lungaugold)
Salz
Sonnenblumenöl zum Braten
2 Schalotten
500 g Tagliolini
100 ml Kalbsjus
40 ml Schlagobers
1 Handvoll Cocktailtomaten
Pfeffer
nach Belieben Jungzwiebelgrün oder Kräuter und Parmigiano Reggiano

GESCHNITTEN ODER FASCHIERT IST KEINE FRAGE

Stephan Kleinberger

Anif ist nicht nur einer der schönsten Vororte, die eine Stadt im deutschsprachigen Raum anzubieten hat. Der von finanziell gut ausgestatteten Salzburger*innen und internationalen Salzburg-Liebhaber*innen bewohnte Ort hat auch eine Menge Verbindungen zur kulturellen Wohlfahrt der Stadt.

Herbert von Karajan wohnte hier, er bereitete in seiner Villa jene Aufführungen vor, die den Ruhm der Salzburger Festspiele, der Salzburger Osterfestspiele und letztlich auch seinen Ruhm heller strahlen ließen als den Sonnenaufgang vom Untersberg betrachtet. Karajan lebte das Leben eines gefragten Dirigenten mit entsprechenden Honoraren, er fuhr 911, flog gerne und war beim Essen ein bescheidener Mensch. Die After-Show-Partys im Salzburger Goldenen Hirschen, damals noch in Besitz der Gräfin Walderdorff, die sich nicht genierte, den Gästen das Essen auf Gmundner Porzellan aufzutischen, was damals gar nicht angesagt war, waren keine lukullischen Orgien. Karajan aß auch gern Spaghetti. Diese Form des bürgerlichen Understatements, diese Form des frommen Verzichts auf alles, was ausschweifenden Genuss bedeutet, ist typisch salzbourgeoise, vielleicht verursacht durch zu ausschweifende Besuche der Jedermann-Vorstellung, die dem Menschen den Hang zum guten Leben gehörig austreibt.

Der Schlosswirt in Anif war immer ein Ort des noblen Miteinanders der guten und besten Salzburger G'sellschaft, ohne dass sich die Kulinarik zu sehr in den Vordergrund drängte. Man war sich selbst genug, man brauchte kein sechsgängiges Menü, wenn die Festspielpräsidentin oder der Stardirigent am Nebentisch schmausten. Auch hier führte ein Graf über Jahrzehnte das Geschäft und wer den Adel in Österreich kennt, weiß: Die Leute halten nichts von der Verfeinerung des Speisens, wie es die entfernte Verwandtschaft in Frankreich pflegte. Dennoch aß man im Schlosswirt immer gut bis sehr gut. Zu den beliebten Gerichten zählte die gebratene Ente, auch der gekochte Tafelspitz hatte viele Freunde. Beide passen zum Ambiente, zu den schönen, alten Stuben, den knarzenden

Holzböden, den riesenhaften, gefühlte 1.000 Kilo schweren Steinen im Durchgang, der in den schönen, von Bäumen beschatteten Garten führt. Doch jeder Koch, der im Schlosswirt arbeitet, ist natürlich vom Geist der Qualität und Neuerung beseelt, ein guter Geist, der zur Verbesserung unseres Wohlbefindens beiträgt und auch im Lungau am Tromörthof wohnt, wobei der Schlosswirt in Anif zurzeit schon ungleich vornehmer ist als der schöne Bergbauernhof der Familie Hönegger.

Herrn Kleinbergers Kalbstatar ist ein Beispiel für die innovative Einbildungskraft eines Küchenchefs. Überhaupt: Kalbstatar. Außerhalb des Piemonts, berühmt für sein Kalbfleisch und seine Rinder, gibt es Kalbstatar übrigens sehr selten. An dieser Stelle vielleicht ein paar Worte zum Tatar, einem Gericht, das die Karnivoren schon seit langer Zeit begleitet. Beef Tatar ist der Senf auf dem Speiseplan des westlichen Essers, es ist aus dem kontemporären Essangebot in Restaurants nicht wegzudenken.

Apropos Senf: Die Gewürze zum rohen Beef variieren so stark wie die Orte, an denen es serviert wird. Spannend in dem Zusammenhang die Marinade zu Stephan Kleinbergers Kalbstatar, in der das Thema Essig Platz findet, eine Zutat, die in vielen klassischen Beef-Tatar-Rezepturen ausgespart wird. Damit Sie schön vergleichen können, zitieren wir hier aus dem „Wörtherbuch", einem Kompendium der Rezepte von Jörg Wörther, einem der besten Köche, die es in Österreich je gab, der 2020 viel zu früh verstorben ist. „Schneiden Sie das Rinderfilet in dünne Streifen, dann in feine Streifen, sodann in feine Würfel. Würzen Sie das geschnittene Rinderfilet mit fein gehackten und kurz blanchierten Schalottenzwieberln, fein gehackten Essiggurken, fein geschnittenem Schnittlauch, fein gehackter Sardelle und Kapern, einer Prise Majoran, Salz, Pfeffer aus der Mühle, Cayennepfeffer, einem Spritzer Zitronensaft, einem Spritzer Olivenöl und Eidotter. Rühren Sie alles gut zusammen ab. Einen Teil des Tatars auf einem heißen Erdäpfelpüree und den zweiten Teil auf heißem Erdäpfelrösti anrichten und rundum marinierte, kräftige Blattsalate setzen." Jörg Wörther bevorzugte zum Tatar Rucola.

Beef Tatar gibt es in Österreich seit den Sechzigerjahren und ihm haftete immer schon der leicht exklusive Geschmack des Jetsets an. Thomas Bernhard lässt es in seinen Romanen und Stücken vorkommen. Seine Bekannte, die Fotografin Erika Schmied, erzählt, dass Bernhard bei gemeinsamen Essen seine Tischgenossen immer auf sanfte Art nötigte, Beef Tatar zu bestellen, während er selbst nie eines aß. Beef Tatar gibt es auf bestimmten noblen Hotelterrassen rund um Velden auch heute noch in der Urversion: Das Tatar wird vor dem Gast zubereitet, der die Dosierung und Mischung der Gewürze und Zutaten selbst festlegt. Wie immer wurde im Lauf der Zeit auch dieser Klassiker banalisiert. Die Frage, ob man das Tatar faschieren oder mit einem scharfen Messer schneiden sollte, ist in Jörg Wörthers Rezept bereits ausreichend beantwortet, so wie die Frage, welches Teil vom Tier sich am besten fürs Tatar eignet. Mit dem Beef Tatar (und auch dem Tatar vom Kalb) ist es wie mit allem, was wir uns mit Löffel, Messer und Gabel einverleiben: Es gibt Essen und es gibt gutes Essen.

Womit wir wieder in Anif beim Schlosswirt angelangt sind.

Stephan Kleinberger

KALBSTATAR MIT LIMETTENBROT

Für das Tatar Gemüsefond, Essig, Zucker, Salz, Pfeffer und Portwein vermengen und mit den Ölen montieren. Das Fleisch in feine Würfel schneiden und mit der Marinade marinieren.

Für das Limettenbrot Schwarzbrot entrinden, in gleich große Rechtecke schneiden und mit etwas Butter dunkelbraun toasten. Limette filetieren und die Filets sorgfältig halbieren. Die Baby-Zitrone vierteln und in kleine Scheiben schneiden. Rote Rübe kleinwürfelig schneiden, Gurke schälen und ebenfalls in kleine Würfel schneiden.

Gervais mit Salz und Pfeffer verrühren, auf die getoasteten Schwarzbrotstreifen dressieren. Die Brote mit Limettenfilets, Zitrone, Roter Rübe und Erbsen garnieren und mit geröstetem Buchweizen bestreuen. Tatar mit den Broten anrichten, mit Olivenöl beträufeln.

ZUTATEN (für 4 Personen)

Kalbstatar:
50 ml Gemüsefond
5 ml Balsamessig (Gölles)
5 ml Tomatenessig
5 g Zucker
Salz
Pfeffer
10 ml roter Portwein
10 ml Rapsöl
3 ml Haselnussöl
3 ml Sesamöl
320 g Kalbsfilet

Limettenbrot:
2 große Scheiben Schwarzbrot
etwas Butter
1 Limette
1 Baby-Zitrone
1 gekochte Rote Rübe
1 Gurke
100 g Gervais
Salz
Pfeffer
2 EL Erbsen
gerösteter Buchweizen
  zum Bestreuen

Olivenöl zum Beträufeln

JEDERMANN MUSS AUCH MAL WAS ESSEN

Richard Brunnauer

Richard Brunnauer posiert nicht auf den Titelblättern der Branchenmagazine, er zählt zu den stillen Stars der Salzburger Restaurantszene, und das nicht erst seit gestern. Über zwanzig Jahre kochte er an den angesagtesten Adressen der Stadt und sein Niveau war so verlässlich wie der Salzburger Schnürlregen, allerdings um einiges erfreulicher.

In der Villa Ceconi sind Brunnauer und seine Frau angekommen, sie sind nicht mehr Angestellte, sondern Unternehmer. Was hat sich bei Brunnauers Küchenstil durch den Perspektivenwechsel verändert? Nahezu nichts. Richard Brunnauer kocht mit Zutaten, die im Einkaufskorb des Normalbürgers selten zu finden sind, einfach auch deshalb, weil dieser im Gegensatz zu einem sehr guten Küchenchef gar keinen Zugang zu den entsprechenden Lieferanten hat. Das zum einen. Zweitens weiß Brunnauer, wie man mit diesen wertvollen, manche sagen auch edlen, Zutaten umgeht. Taube bereitet er mit ebenso schlafwandlerischer Sicherheit zu wie Steinbutt oder ein Carpaccio vom Reh. Das

macht die Verlässlichkeit dieses Restaurants aus, die vielen Gästen wichtiger ist als kreative Luftsprünge. Und genau deshalb gehört es zu den bestgebuchten der Stadt. Über diese Stadt wollen wir vielleicht kurz reden.

Salzburg hat den Grund für seinen seit Jahrhunderten währenden wirtschaftlichen Erfolg im Namen. Es war einer der Orte, die neben dem Institut der Kirche auch der Kultur Station und Heimat boten. Aber davor schon war das Salz. Es brachte den Salzbürgern Wohlfahrt, ein Feld, auf dem viel zu bestellen war und noch viel mehr blühte. Und dann waren der Jedermann und die Salzburger Festspiele, sie sind für einen

Teil der Salzburger Wirtschaft das Salz des 20. und 21. Jahrhunderts, sie bringen Gäste in die schöne Provinzhauptstadt, die hungrig nach Hochkultur sind und nach dem Musik- und Theatergenuss Appetit auf gutes Essen haben. So besitzt Salzburg nach Wien das größte Angebot an hervorragenden Adressen. Wie es das Wirtschaftsmagazin Anfang der 80er-Jahre in einem Artikel über die guten Restaurants in Salzburg und Umgebung schrieb: „Wer 4.000 Schilling für eine Opernkarte ausgibt, muss dort einen Orgasmus erleben und braucht nachher ein Souper."

Mozart also. Bekanntermaßen hatte er ein Gefühl für Noten, „zu viele Noten", wie Joseph II. gesagt haben soll. Aber kein Gefühl für Geld. Mozart, von dem die Stadt Salzburg zehrt wie die kleinen Kälber am Tromörthof an den Eutern ihrer Mütter, hatte nicht viel von Salzburg. Es zog ihn nach Wien, wie es heute viele Salzburger nach Wien zieht und wie es einst Thomas Bernhard sogar in das langweilige Ohlsdorf zog, Hauptsache nicht Salzburg. In Wien hatte Mozart Honorare in der Größe seiner Musik, aber als Wassermann auch ein Talent zur Verschwendung. Er wäre, würde er heute leben, Stammgast bei Richard Brunnauer und immer in unterhaltsamer, kultiviert unkultivierter Begleitung. Vielleicht, dass sie zur letzten Flasche Jahrgangschampagner „Im Oasch is finster" gesungen hätten. Einen wie Brunnauer gab es damals nicht, die guten Restaurants verdanken die Europäer der Französischen Revolution, die sich in der einen oder anderen Da-Ponte-Oper andeutet, im Leben Mozarts aber noch in der Zukunft lag. Brunnauer wäre vermutlich Koch des Erzbischofs gewesen, für den auch die Familie Mozart tätig war. Vielleicht wäre er dann damals auch aus Salzburg weggegangen und nach Wien oder Prag.

Zurück in die Villa Ceconi. Der Koch für den Erzbischof Salzburgs, der jetzt – Gott sei Dank – nicht für die Kirchenfürsten, sondern für alle Salzburger*innen und ihre Gäste am Herd steht, hat die besondere Gabe, hinter seinen Werken zurückzutreten. Brunnauer ist ziemlich uneitel. Komponiert er große Opern, Symphonien auf dem Teller? Nein, seines ist die gepflegte Kammermusik, das Quartett aus Vorspeise, Zwischengericht, Hauptgang und Dessert. Es darf auch ein Trio sein. Dieses kulturell-kulinarische Konzept ist es, was sein Restaurant sympathisch macht: Er konkurriert nicht mit den Aufführungen im Festspielhaus, er macht seine Gäste einfach auf angenehmste und delikate Weise satt und glücklich. Soul-Food ist es nämlich, was Richard Brunnauer da kocht. Wir meinen damit nicht dicke Saucen, durchgekochte Hausmannskost, sondern das gewisse Exquisite, dem die kleine Sünde zwischendurch kein Fall für den Inquisitor ist.

Brunnauer ist einer der wenigen, die zu Fisch und Fleisch auch einmal köstliche Risotti oder Pasta reichen. Im deutschsprachigen Raum, der der Welt der verfeinerten Kulinarik so fern ist wie der Mars der Erde, nannte und nennt man solches „Sättigungsbeilage" – was für ein absurder Begriff. Brunnauer hingegen serviert zum Steinbutt Zitronennudeln mit einem ordentlich bemessenen Löffel Kaviar, und das hat mit Sättigung weniger zu tun als mit kultivierter Delikatesse. Der unter anderem bei Eckart Witzigmann ausgebildete Küchenchef stand in Salzburg immer schon für seine kompromisslose Wahl der Zutaten: Ob es sich um Geflügel, Garnelen, Lamm oder Kalbfleisch handelt, die Küche im Restaurant arbeitet nur mit den Besten der besten Lieferanten.

TOMAHAWK VOM KALB

mit zweierlei Süßkartoffeln und Erdgemüse

Süßkartoffeln schälen und in Salzwasser weich kochen. In mundgerechte Stücke schneiden, kurz vor dem Servieren in Pflanzenöl anbraten.

Erdgemüse bis auf die Kerbelknollen schälen. Alle Gemüse in kleine Stücke schneiden. In Pflanzenöl ca. 15 Minuten langsam garen lassen. Mit Salz und Thymian abschmecken und mit Kresse garnieren.

Während das Gemüse gart, Fleisch mit Salz würzen und in Pflanzenöl auf beiden Seiten insg. ca. 5 Minuten anbraten. Aus der Pfanne nehmen und ca. 5 Minuten rasten lassen.

Eine Pfanne erhitzen, Butter und Thymian hineingeben. Tomahawks einlegen, auf beiden Seiten nochmals erhitzen, dabei mit etwas Olivenöl begießen. Mit Süßkartoffeln und Erdgemüse servieren.

ZUTATEN (für 4 Personen)

Kalbstomahawk:
4 x 225 g Kalbstomahawk
Salz
Pflanzenöl
etwas Butter
Thymian
etwas Olivenöl

Süßkartoffeln:
500 g Süßkartoffeln (violett & orange)
Salz
Pflanzenöl

Erdgemüse:
200 g Topinambur
200 g Petersilienwurzel
200 g Gelbe Rüben
200 g Chioggia-Rüben
200 g Kerbelknollen
Pflanzenöl
Salz
Thymian
Kresse

KAISEKI STATT EISBEIN

Risa Nagahama

Das nennt man Kulturschock. Vom stylischen und kulinarisch verrückten Tokio nach Berlin zu kommen, der Stadt, die sich gerne als „arm, aber sexy" bezeichnet. Kaiseki-Menü gegen Eisbein. Die zierliche Risa Nagahama konnte diesen Clash of Cultures nur unbeschadet überstehen, weil zwischen Tokio und Berlin mehrere Jahre in Paris lagen. Wie sagte Humphrey Bogart zu Ingrid Bergmann? „Uns bleibt immer Paris."

Es war die französische Sprache, die Risa aus dem Land der aufgehenden Sonne in die Stadt der Liebe führte. Geplant war ein Jahr, aber es wurden viele Jahre. Denn eines Tages sitzt Risa in einem Café, wie man es halt in Paris in der Freizeit tut. Joerg Lehmann, der in Paris lebt und dort unter anderem für den „Feinschmecker" fotografiert und Kochbücher produziert, hat auch sonst einen Blick für das Schöne. Als Joerg Risa sieht, ist es für ihn ein Liebe-auf-den-ersten-Blick-Moment. Die kommenden Jahre verbringen beide gemeinsam, in der französischen Metropole und auf zahllosen Reisen zu den besten Restaurants und Gastronomen, die Joerg für seine Kunden fotografiert. Risa, an japanische Esskultur gewöhnt, lernt die Küche des Westens

kennen, es ist die angenehmste Wissensvermittlung, die man sich vorstellen kann.

Und Risa zieht es in die Gastronomie. Als Japanerin stehen ihr in Frankreich viele Türen offen. Schließlich hat japanische Esskultur in Paris – und nicht nur dort – einen nie gekannten Höhenflug. Es kommt zu einem kulinarischen Kulturaustausch, denn auch Frankreich hat in Japan einen Hype eines Umfangs, der bis dahin nicht vorstellbar war.

Die japanische Küche darf man sich als geschlossenen Regelkreis vorstellen, Elemente und Methoden von außen werden dort kaum integriert, zu stark sind Tradition und der

Respekt davor. Respekt vor den Zutaten, wie man sich das in Europa, vor allem im deutschsprachigen Europa, nicht vorstellen kann, zieht sich durch die japanischen Regionalküchen, von denen die aus Tokio und aus Kyoto international den höchsten Bekanntheitsgrad besitzen. Der Michelin Japan listet fast so viele 3-Sterne-Restaurants auf wie der Michelin France, das ist immerhin nicht nichts. Von 2007 bis 2008 ist Risa Nagahama Rezeptionistin im Restaurant Ukai-tei in Tokio, welches sich auf Wagyū-Rind spezialisiert hat. Das Jahr in Japan bleibt allerdings nur ein Jahr, die Japanerin zieht es wieder nach Paris. Sie nimmt den Job als Kellnerin im Restaurant Yen in Paris an, wo man sich besonders auf die Zubereitung von Soba-Nudeln versteht. Im Yen arbeitet Risa von 2008 bis 2012. Dann zieht sie mit Joerg von Paris nach Berlin. Wenn man von Stil, Eleganz und kulinarischer Lebenskultur spricht, ist Paris ein sprudelnder Brunnen, während Berlin eher einer Wüste gleicht. Dennoch habe sie es nie bereut, so sagt Risa, die Sache mit Berlin.

Kurz nach ihrer Ankunft macht Risa das, was man in Berlin am besten kann. Sie beginnt eine Diät. Diese dauert drei Wochen. In dieser Zeit verzichtet sie auf tierische Produkte, Zucker, Koffein und Kohlenhydrate und ernährt sich von Gemüse, Obst und Nüssen. Paleo-Diät minus Fleisch, nur für die Härtesten. Aber heißt es nicht: Nur die Harten kommen in den Garten? Risa über diese Phase der Reinigung von Körper und Geist: „Es machte einen großen Unterschied, wie leicht ich mich fühlte und wie gut mein Schlaf war."

Für Risa ist diese Zeit der Zurückhaltung eine Revolution, sie verändert ihr Leben komplett. Essen gehen wie in Paris kommt in Berlin überdies nicht in Frage. Auch die Fleischlastigkeit der deutschen Küche und gleichfalls des Ange-

botes, etwa im KaDeWe, macht beiden zu schaffen. Würste und Schinken ja, Gemüse und Obst nein. So kauft man samstags Gemüse auf einem der Berliner Bio-Märkte und kocht zu Hause.

Durch die vielen gemeinsamen Fotoproduktionen wird Kochen mehr und mehr zu einer wahren Passion. Dabei wendet Risa sich einer besonders reizvollen, weil noch wenig erforschten Disziplin zu: Vegan. 2016 erscheint das erste Kochbuch, es trägt den Titel „Easy Peasy" und die Rezepte basieren ausschließlich auf der Zubereitung von Pflanzen. Das Buch ist Risas erstes Werk und ein veritabler Erfolg. Zurzeit arbeiten Risa und Joerg gerade an einem zweiten Kochbuch. Auch dieses wird wieder vegan sein. Im gemeinsamen Haushalt von Risa und Joerg wird seit Jahren fermentiert, werden Kimchi und Miso zubereitet, als wäre es in Berlin die selbstverständlichste Sache der Welt. Kohl wird gebacken, außer mancher Currypaste wird nahezu alles selbst hergestellt. Berlins Restaurants haben zwei wissende und anspruchsvolle Gäste verloren, noch ehe sie sie gewinnen konnten.

Risa ist keine Dogmatikerin: „Ich selbst esse normalerweise kein Fleisch, aber wenn, dann möchte ich Fleisch wie bei Hannes essen. Bei Hannes habe ich zum ersten Mal mit eigenen Augen gesehen, wie ein Tier geschlachtet wird." Sie hat ein paar Tage mit Hannes am Tromört-hof verbracht, konnte miterleben, wie er den Mist mit der Hand bearbeitet, mit seinen Kühen kommuniziert und wie die Tiere am Hof ihm vertrauen. „Als ich merkte, dass er seine Kühe ernst nimmt und sich um ihr Leben kümmert, solange sie noch leben (und sich natürlich auch um sie kümmert, wenn er sie schlachtet), hat mich das tief berührt." Respekt vor den Tieren, aus denen später Zutaten werden, das gibt es in Japan wie auch da und dort im Lungau.

Risa Nagahama

DONBURI-KALB

Für die Umesauce Kombu mit einem feuchten Tuch abwischen. Sake in einen Topf geben, Kombu 2 Stunden darin ziehen lassen. Dann den Sake bei schwacher Hitze zum Kochen bringen, kurz vor dem Aufkochen den Kombu entfernen. Sake ca. 15 Minuten köcheln lassen, dabei die Ume hinzufügen und 5 Minuten kochen lassen. Bonitoflocken dazugeben, Topf nach 1 Minute vom Herd nehmen. Die Flüssigkeit 2 Stunden ziehen lassen, dann durch ein Sieb abseihen. Die Flüssigkeit (es sollten ca. 190 ml sein) in den Topf zurückgeben. Zum Kochen bringen, mit der in 1 EL Wasser angerührten Kartoffelstärke andicken.

Für die Zitrus-Wasabi-Sauce Frühlingszwiebeln in dünne Scheiben schneiden, in einer Schüssel mit Salz mischen und 15 Minuten ruhen lassen. In der Zwischenzeit den Sansho fein hacken. Mirin in einen Topf geben und aufkochen lassen, um den Alkohol zu verkochen. Den Topf vom Herd nehmen. Zitronen-schale reiben, dann die Zitronen auspressen. Schale und Saft zu den Frühlingszwiebeln geben. Mirin und Wasabi dazugeben, mit Salz und Sanshopfeffer abschmecken.

Für die Miso-Butter-Sauce Zwiebeln hacken. Mit Öl und 1 Prise Salz in einer Pfanne bei geringer Hitze geduldig kara-mellisieren. Sake in einem Topf zum Kochen bringen. Miso und Zwiebeln dazugeben, leicht erhitzen und den Herd ausschalten. Butter gründlich einrühren. Mit Pfeffer abschmecken.

Während der Saucenzubereitung das Fleisch 1 Stunde vor der Verarbeitung aus dem Kühlschrank nehmen, um es auf Zimmer-temperatur zu bringen. Ofen auf 80 °C vorheizen. Kurz vor dem Anbraten Salz über das Fleisch streuen. In einer Pfanne Öl bei starker Hitze erhitzen, Fleisch auf beiden Seiten braun braten. Auf einem mit Backpapier belegten Blech im vorgeheizten Ofen ca. 25 Minuten garen, bis die Kerntemperatur 54 °C erreicht. Ofen ausschalten und das Fleisch 10 Minuten ruhen lassen. Zum Anrichten in 1 cm dicke Scheiben schneiden.

Parallel Reis zubereiten: mit Wasser in eine große Schüssel geben, mit den Händen leicht durchrühren. Wasser abgießen, Reis mit den Handflächen ein paar Mal sanft nach unten drücken. Vorgang dreimal wiederholen und den Reis ca. 30 Minuten quellen lassen. Dann mit 600 ml Wasser zugedeckt zum Kochen bringen. Hitze reduzieren, Reis ca. 10 Minuten zugedeckt köcheln lassen. Vom Herd nehmen, 10 Minuten zugedeckt quellen lassen. Mit einem befeuchteten Holzlöffel von Topfboden und -rand lösen und auflockern. In Schalen anrichten, mit Fleisch belegen und Sauce über das Fleisch gießen.

ZUTATEN (für 4 Personen*)

Reis & Kalbfleisch:
600 g Kalbshüfte
450 g Reis
Salz
Öl

Umesauce:
10 g Kombu
500 ml Sake
4 Ume („Salzpflaumen")
30 g getrocknete Bonitoflocken
1 EL Kartoffelstärke

Zitrus-Wasabi-Sauce:
4 Frühlingszwiebeln
Salz
¼ TL Sanshopfeffer
180 ml Mirin
2 Bio-Meyer-Zitronen
2 TL Wasabi

Miso-Butter-Sauce:
3 mittelgroße rote Zwiebeln
Öl zum Braten
Salz
180 ml Sake
4 EL Miso
40 g Butter
Pfeffer

* Es reicht, eine der drei Saucen zuzubereiten. Man kann jedoch auch alle drei zubereiten und als Dip servieren.

Tipp:
Das Wasser zum Reis-Waschen
und -Kochen sollte weich und
frei von Kalkrückständen
sein, damit der Reis weich und
schmackhaft wird. Nach
Möglichkeit einen Gasherd
verwenden, um den Reis
gleichmäßig und fluffig zu
kochen. Ume sind eigentlich
eher Aprikosen, werden
in Deutschland jedoch als
Pflaumen bezeichnet.

BESUCH BEI EINER BERGBÄUERIN

Roswitha Hönegger

Kleiner Exkurs in das Land des Löffelns: Österreich ist das Land der Suppe und der Suppeneinlagen. Für gewöhnlich handelt es sich bei der Suppe um eine Rindsbouillon, zubereitet aus Gemüse, Gewürzen, Rindfleisch und Knochen. Seltener um eine Hühnersuppe, Kalbsknochensuppe gibt es eigentlich kaum und Gemüsesuppen kommen meistens ohne Einlagen aus.

Diese sogenannten Suppeneinlagen lassen sich, ein Besuch in einem österreichischen Wirtshaus macht das auf den ersten Blick auf die Speisekarte klar, in unterschiedliche Popularitätsgrade einordnen.

Am populärsten sind zweifellos die Frittaten, in Vorarlberg Fädle genannt, knapp gefolgt von Grießnockerln, beiden machen in manchen ländlichen Regionen auch Suppennudeln Konkurrenz. Kaspressknödel oder Kasknödel, wie man sie im Lungau nennt, gibt es nur in den Alpen, eine Kaspressknödelsuppe ist im Burgenland oder in Niederösterreich undenkbar.

Milzschnitten oder Schinkenschöberl sind etwas aufwendiger herzustellen als die meisten gerade genannten Einlagen, sie zählen zu den vornehmen Bewohnern der Rindsuppe, wie man sie in den besseren Haushalten Wiens und der diesen verbundenen Gastronomie kennt. Ach ja: Backerbsen hätten wir noch, die Backerbsensuppe ist ein klassisches Hüttenessen, wo sich der Wirt nicht viel Arbeit machen will, denn selbstgemachte Backerbsen sind in Österreichs Alpen so selten wie mehrwöchige Schönwetterperioden. Auch bei den auf dem Land und in der bodenständigeren Stadtgastronomie beliebten Leberknödeln trennt sich bald die Spreu vom Weizen, wenn es um die Zubereitung geht. Vielem, was da im Supermarktregal lauert, sollte man nicht über den Weg trauen, will man nicht enttäuscht werden. Handgemachte Leberknödel mit ausgesuchten Zutaten warten nicht an jeder Ecke.

Im Lungau, dem Paradies für kleine landwirtschaftliche Betriebe, kann der Erwerb von Leberknödeln hingegen bedenkenlos empfohlen werden. Sie werden auf Bauernmärkten und in einigen wenigen Geschäften angeboten und sind ausgezeichnet, denn sie kommen aus der Küche von Roswitha Hönegger – einer wirklich guten Köchin und Hannes' Mutter. Wer den Tromörthof betritt, bemerkt auf den ersten oder zweiten Blick die Visitkarten des Hauses, die so anders sind als die zahllosen lieblos gemachten Prospekte und Visitkarten in der klassischen Hotellerie.

Roswithas Visitkarten sind ihre Servierbretter, bis auf den letzten Zentimeter vollgeräumt mit selbstgemachten Leberknödeln und Kaspressknödeln. Sie werden ein- oder zweimal in der Woche zubereitet, verpackt und geliefert. Außerdem bereitet sie noch Beuschel zu, ein Gericht aus Lunge und Herz des Kalbs. Zu den absoluten Hits der Roswitha'schen Küche gehört aber zweifellos das Kartoffelgulasch, naturgemäß zubereitet mit Lungauer Eachtlingen, die darin ihre volle Klasse entfalten. Für ein solches Kartoffelgulasch fährt oder wandert man gerne ans Ende der Welt. Zufällig liegt der idyllische Ort Lessach knapp davor, vor dem Ende der Welt. Und der Tromörthof liegt dem Ende, vor allem dem Talende, noch ein paar Höhenmeter näher. Das Kartoffelgulasch wird in seiner Güte übrigens noch übertroffen von Roswithas Topfenstrudel, den sie Besucher*innen und Freund*innen nachmittags zum Milchkaffee serviert.

Am Tromörthof leben sie Wand an Wand, der schöne Wagyū-Stier Tsuki Oshi, der im Stall die Luxussuite bewohnt, Kälber und Rinder, Hofkatzen, die Kinder, Hannes, seine Mutter und die beneidenswerten Gäste, die in der Ferienwohnung Platz finden. Reservierungen der beiden Wohnungen sind in etwa so begehrt wie Karten zum Neujahrskonzert der Wiener Philharmoniker, allerdings gibt's die Woche am Tromörthof um einen Bruchteil einer Philharmonikerkarte. Die Gäste Roswitha Höneggers versorgen sich selbst. Dass da aber öfter einmal ein Kalbsbeuschel oder eine Leberknödelsuppe von der Küche in den ersten oder zweiten Stock des Bergbauernhofs wandert, ist denkbar.

Beim Frühstück sind die Ferienwohnungsgäste auf sich allein gestellt. Denn Roswitha steht frühmorgens einige Stunden vor den Gästen auf. Wenn Hannes unterwegs ist, obliegt ihr die Arbeit im Stall. Sie gehört auf einem Bergbauernhof zum täglichen Brot, die Berücksichtigung einer Stauballergie kann man sich nicht leisten. Roswitha Hönegger hat übrigens eine Stauballergie, aber irgendwie kommt sie damit klar. Muss damit klarkommen.

Dass Roswitha und Hannes Hönegger auf den ersten Blick wie zwei Geschwister wirken, erklärt sich aus Hannes' früher Ankunft in Roswithas Leben, der aus einer Schülerliebschaft hervorging und später bei den Großeltern aufwuchs. Roswitha ging nach der Schule in die Stadt und studierte Mathematik. Mit dem Job als Lehrerin oder Wissenschaftlerin wurde es aber irgendwie nichts. Und auch in der Investmentbankerbranche ist Roswitha Hönegger nicht gelandet, wo es viele Mathematiker und andere Zahlenmenschen zu lukrativen Karrieren gebracht haben. Stattdessen entdeckte Roswitha ihre Liebe zum Beruf der Bergbäuerin und heiratete Matthäus, einen Bergbauern aus kräftigem Lungauer Holz.

Matthäus und Roswitha betreiben den kleinen Landwirtschaftsbetrieb, das Leben als Milchbauern ist im Lungau kein leichtes, die Zimmer im Haus dienen zur Ergänzung des Einkommens. Als Hannes vor ein paar Jahren der Stadt und seinem bisherigen Leben den Rücken kehrt, um zur Mutter und zum Stiefvater zurückzukehren, beschließt die Familie nach einigen Diskussionen die Umstellung des Betriebs, weg vom Milchbauernhof, hin zu hochwertigem Fleisch von Kalb und Rind. Man investiert in einen hochmodernen, perfekt eingerichteten Schlachthof, denn zur Biohaltung gehört auch die das Tier schonende Schlachtung, und die passiert am besten in der Nähe des Stalles. Hannes baut rasch sein Netzwerk mit den kleinen Bauern im Lungau auf, einmal scheitert er geschäftlich, steht aber sofort wieder auf. Die Aussichten sind gut. Und dann. Und dann stirbt Matthäus bei einem Unfall, als er eine landwirtschaftliche Maschine reparieren will. Die Welt steht auf einmal still.

Wenn sie ausnahmsweise einmal Zeit für einen Kaffee hat, spricht Roswitha lieber über viele andere Dinge als über den Tod des Mannes. Dass die schwarze Luft noch nicht ganz aus dem Tromörthof ausgezogen ist, merkt man auch so. Viel Zeit zum Trauern blieb ihr nie, die Kinder, die Tiere, der Stall, die Gäste, die Knödel. Und auch der Sohn, der niemals etwas hundertprozentig, sondern alles zweihundertprozentig macht, braucht Zuwendung und Ratschlag von der Mama. „Wenn Hannes im Aufwind ist, kennt er keine Grenzen, dann fühlt er sich unbesiegbar." Das sagt die Mutter über ihren Ältesten und es liegt keine Spur eines Vorwurfs in dem Satz.

Zurzeit ist der Aufwind ziemlich stark.

Roswithas Visitkarten sind ihre Servierbretter, bis auf den letzten Zentimeter vollgeräumt mit selbstgemachten Leberknödeln und Kaspressknödeln.

KALBSLEBERKNÖDEL

Leber durch den Fleischwolf (3-mm-Scheibe) drücken. Knödelbrot mit warmer Milch übergießen und ca. 10 Minuten einweichen lassen. Zwiebel, Knoblauch und Petersilie fein hacken und in Butter dünsten, bis die Zwiebel glasig ist. Mit dem eingeweichten Knödelbrot, Leber und Eiern in eine Schüssel geben und zu Teig verkneten. Mit Majoran, Muskat, Salz und Pfeffer würzen. Mit befeuchteten Händen Knödel formen. In heißem Öl schwimmend schön braun glänzend ausbacken.

Brühe erhitzen (nicht kochen lassen), Knödel vorsichtig hineinlegen. Mit frisch geschnittenem Schnittlauch bestreut servieren.

**Tipp:
Sollte der Teig zu klebrig sein, Semmelbrösel und Mehl zugeben, sollte er zu fest sein, etwas Milch oder Wasser.**

ZUTATEN (für 8 Personen)

400 g Kalbsleber
400 g Knödelbrot
300 ml warme Milch
1 Zwiebel
1 Knoblauchzehe
Petersilie
½ EL Butter
3 Eier
½ EL Majoran
Muskat
½ EL Salz
¼ EL Pfeffer
Öl zum Ausbacken
Rinderbrühe zum Servieren
Schnittlauch

FREQUENT TRAVELLER

Patrick Pass

Weißensee – Zürs – Engadin – Mallorca – Gstaad – Wörthersee – Lungau. Patrick Pass hat, was guten Köchen eignet. Er besitzt das Reisegen. Es führte ihn in schöne Gebiete und in spannende Küchen, in denen er Gerüche, Geschmäcker und Rezepte aufsog wie Brot eine gute Sauce.

Er lernte Qualitäten zu erkennen und zu unterscheiden, er lernte schmecken, abschmecken und er lernte vor allem: Trau dich was, wenn du gewinnen willst. So gleicht manche seiner Ideen einem Ritt über die buckelige Piste „Gamsleiten 2", die besonders herausfordernde Piste in Obertauern, wo Patrick seit 2018 mit seiner Alpine-Asia-Fusionsküche für Aufsehen sorgt.

Patrick Pass wird in Altötting geboren, wächst aber in Kärnten auf. Auf der von der Familie betriebenen Kohlröserlhütte im Gitschtal sammelt er erste Erfahrungen in der Gastronomie. Es muss nicht eigens erwähnt werden, dass er jedes Jahr in den Ferien auf der Almhütte aushalf. Nach der Lehre am Weißensee startet Patrick Pass mit der klassischen Karriere aufstrebender Köche, es geht erst einmal nach Zürs ins feine Hotel Lorünser. Nobler als Zürs geht in Österreich nicht, deshalb erscheint es

logisch, dass man Patrick Pass bald in einem kleinen Boutiquehotel im Engadin antrifft, dem vom Schweizer Gault-Millau mit zwei Hauben ausgezeichneten GuardaVal in Scoul. Wenn man genug von den Schweizer und österreichischen Bergen hat und den Horizont erweitern will, begibt man sich am besten ans Meer. Mallorca also, wo Patrick seine Freude an asiatischer Fusionsküche entdeckt und bei dem Thema als Chef Saucier auch gleich brillieren kann. Ort des Geschehens: einer der angesagtesten Clubs der Insel, das Coast by East & Sansibar Wine, ein sperriger Name für ein Konzept, das gar nicht anders kann, als ein Erfolg zu sein. Die klassische Küche gibt sich Patrick Pass dann noch einmal, ein letztes Mal in der Ente von Zürs, einem kleinen À-la-carte-Restaurant mit beständig gutem Ruf, wo er zum ersten Mal im Leben als Küchenchef arbeitet. Danach folgt Japan, nein, eigentlich Gstaad und ein Pop-up des New

Yorker Spitzenjapaners Megu, wo der österreichische Koch den Umgang mit Miso, Soja und Konsorten so gut übt, dass man am Tauernpass im Lungau manchmal glaubt, in London oder New York zu sitzen. In Gstaad trifft Patrick auf Rico Rassbach, einen der besten Sushimeister im deutschsprachigen Raum.

Rico hat Sushi in Japan gelernt und in Wien das Shiki eröffnet, das beste japanische Restaurant der Stadt, mit einer exzellenten Sushi-Theke. Seit drei Jahren arbeiten Patrick und Rico als Team in Obertauern, wobei Rico nur für die Zubereitung der Sashimis und Sushis zuständig ist. Davor wird Patrick aber noch vier Sommer im Lakes am Wörthersee arbeiten, seinen Stil hat er jetzt schon im kleinen Finger: etwas aus Asien und den Alpen, eine eigenwillige Fusion, in der Dashis ebenso gut Platz finden wie Kärntner Kasnudeln. Das Restaurant im Hotel von Fritz Rigele ist die neueste Station auf den Reisen Patricks und vielleicht für eine Zeit die letzte. Es hat ganz schön Staub aufgewirbelt im gastronomisch traditionell ziemlich konservativen Obertauern. Der für Wintersportler spannende Ort buhlte nie um anspruchsvolle Feinschmecker, es reichte, wenn die Familien kamen, um die Kassen der Hoteliers so zu füllen, dass sie den Sommer nicht aufsperren mussten.

Fritz Rigele, der das Hotel vom Vater in jungen Jahren übernahm, hat aber anderes im Sinn. Sein „Fritz & Friedrich" mag auf manche Obertauern-Stammgäste wie ein Alien wirken. Was zählt, ist, dass es täglich ausgebucht ist. Patrick hat die kulinarische Mischung gefunden, die eine willkommene Abwechslung zum ortsüblichen Pensionsmenü bietet. „Hannes kam eines Tages zum Essen vorbei", erzählt Patrick, „wir redeten und seitdem kommt für mich beim Kalb kein anderer in Frage als er." Patrick, der mit den Jahren zum großen Verehrer der asiatischen Lebensweise wurde, benötigt zur Umsetzung seiner Ideen kompromisslos gute Ware, nicht nur das Kalb vom Tromörthof, auch feinste Fische finden seit drei Jahren ihren Weg ins winterliche Obertauern.

Schon im 19. Jahrhundert glänzten die ersten Grand Hotels in den Alpen mit ihrem kulinarischen Angebot. Der Ehrgeiz der Hoteliers war es, den Gästen das zu bieten, was sie aus der Stadt gewohnt waren. Die Arme-Leute-Küche der Alpenbewohner*innen, der sich in unseren Zeiten viele Köchinnen und Köche und noch viel mehr Bücher widmen, interessierte damals niemanden. Nein, damit wollen wir nicht sagen, dass die Zeiten damals besser waren. Das waren sie nicht.

Was Patrick Pass bereits aus Zürs weiß: Kochen in einem Wintersportort hat eigene Gesetze. Vorratshaltung und Planung sind wichtig, denn den Gemüse- und Kräutergarten vor dem Haus gibt es nicht. Ein logistisches Netzwerk zu verlässlichen Lieferanten muss sein, damit die Arbeit in der Küche nicht zu einer Skitour im Schneegestöber wird. Die Gäste mögen es nicht unbedingt winterlich auf dem Teller, was die Auswahl der Zutaten betrifft. Auch wenn Klimaschützer aufheulen: Statt Sauerkraut und Topinambur essen die Gäste auch im Winter lieber frischen Rucola oder Thai-Spargel. Hervorragende Küchenchefs arbeiten daran, dass sich das ändert.

Schon im 19. Jahrhundert glänzten die ersten Grand Hotels in den Alpen mit ihrem kulinarischen Angebot.

VITELLO „SUMOKUMASU" PONZU

Kalter Kalbsrücken mit Räucherforellencreme, Ponzu-Tomaten und Roter Rübe

Kalbsrücken parieren, mit Salz und Pfeffer würzen, in Öl anbraten. Im auf 140 °C Ober-/Unterhitze vorgeheizten Ofen ca. 15 Minuten garen. Aus dem Ofen nehmen, abkühlen lassen, dann kühl stellen.

Für die Ponzu-Tomaten Tomaten halbieren, mit etwas Salz und Zucker bestreuen und im vorgeheizten Ofen bei 100 °C Ober-/Unterhitze ca. 1,5 Stunden antrocknen lassen. Die Flüssigkeiten miteinander vermischen und die getrockneten Tomaten darin einlegen.

Für die Rote-Rüben-Würfel Essig mit Lorbeer, gehacktem Knoblauch, Kümmel, Zucker und Pfeffer in einen Topf geben und einmal aufkochen. Rote Rübe schälen und in Würfel schneiden. Die Abschnitte kochen und ein Püree daraus machen. Die Würfel im Essigsud einlegen. Das Rote-Rüben-Grün mit der Sauce von den Tomaten marinieren.

Für die Räucherforellencreme Zwiebel und Knoblauch in Würfel schneiden und in einer Pfanne mit der Butter dünsten. Mit Essig ablöschen. Abkühlen lassen, dann kühl stellen. Alle Zutaten für die Creme müssen kalt sein. Filet von etwaigen Gräten befreien, grob zerteilen und mit allen anderen Cremezutaten cuttern oder mixen, bis eine homogene Creme entsteht. Mit Salz abschmecken.

Fleisch gegen die Faser in dünne Scheiben schneiden und mit dem Rote-Rüben-Grün füllen. Etwas Rote-Rüben-Püree auf die Fleischscheiben geben, die Scheiben zusammenrollen. Räucherforellencreme auf Tellern verteilen, die Kalbsrollen daraufgeben. Die Tomaten einzeln darauflegen, eingelegte Rote-Rüben-Würfel darauf verteilen und nach Wunsch mit Kresse oder Kräutern vollenden.

ZUTATEN (für 4 Personen)

Kalbsrücken:
500 g Kalbsrücken
Salz
Pfeffer
Öl zum Braten

Ponzu-Tomaten:
12 Cocktailtomaten
Salz
Zucker
100 g Sojasauce
50 g Birnenbalsamessig
50 g Bio-Zitrone

Rote Rübe:
100 g Reisessig
2 Lorbeerblätter
1 Knoblauchzehe
8 g Salz
1 g ganzer Kümmel
30 g Zucker
1 Prise Pfeffer
1 Rote Rübe mit Grün

Räucherforellencreme:
1 mittelgroße Zwiebel
2 Knoblauchzehen
10 g Butter
1 Schuss Reisessig
120 g Räucherforellenfilet
100 g Sauerrahm
1 gekochtes Ei
10 g Kapern
2 Sardellen
1 Prise Sanshopfeffer
Salz

Kresse oder Kräuter nach Wahl

DER BLICK AUFS GANZE

Clara Aue

Den Gralhof in Hotel-Kategorien einzuordnen ist nicht leicht. Ist es ein Wellnesshotel? Obwohl am See-ufer ein schönes Saunagebäude steht und man nach dem Hitzebad im Weißensee schwimmen kann (im Winter schneiden sie ein Loch in die Eisdecke), ist das Haus mit nur 16 Zimmern zu klein, auch trifft man keine Gäste im Bademantel oder im Jogger beim Frühstück.

Zu dem nicht mit den üblichen Hotelsternen gekennzeichneten kleinen Haus zählt auch eine Landwirtschaft, also Urlaub am Bauernhof? Nicht ganz, dazu fehlte die gewisse Schmuddeligkeit der Unterkünfte und das eine oder andere Haar in der Suppe. Im Gegenteil: Hotel und Zimmer sind perfekt herausgeputzt, zum Baubestand einer 500 Jahre alten Landwirtschaft gesellte sich angenehm straighte, unaufgeregte Innenarchitektur (besonders schön: die Dusche mit Seeblick auf Zimmer 2). Urlaub am Bauernhof 2.0 also, wenn der Appendix „2.0" nicht genauso abgenutzt wäre wie „nachhaltig".

Corinna Knaller hasst „Nachhaltig", dabei zählt der kleine Betrieb, den sie gemeinsam mit ihrem Mann Michael führt, zu den Biohotels, einer ehrenwerten Vereinigung von Hotels, deren Besitzer ihre Verantwortung gegenüber der Pflanzen- und Tierwelt wahrnehmen. Darüber hinaus hat sich der Gralhof auch als klimaneutrales Hotel einen Namen gemacht, wie das geht, das ist ein bisschen kompliziert, nur so viel: Es gibt warmes Wasser und Strom auf den Zimmern, sogar ein großer Fernseher ist da, dessen Programm man gerne gegen den Blick auf den einnehmend schönen Weißensee tauscht. „Unsere Gäste erkenne ich von denen anderer Hotels hier am Weißensee", sagt Corinna, „wenn sie die Straße vor dem Haus entlangspazieren." Tatsächlich ist das Gästepublikum hier jünger als an den anderen Adressen rund um den See, fast ausschließlich Pärchen, die Hälfte der Herren mit Hipsterbärten. Der Gralhof also ein Hipster-Boutique-Bauernhotel? Vieles ist sehr zeitgeistig, so wie man es in Berlin oder in den Reisetipps bei Condé Nast gern hat. Partytime ist am Weißensee nur höchst selten und wenn es um elf an der Haustür klingelt, sind das nicht Gäste von auswärts, die in der kleinen, mit spannenden Spirituosen abseits des Üblichen bestückten Bar einen Absacker nehmen wollen. Es ist Hannes Hönegger.

Er bringt noch schnell ein vor zwei Wochen geschlachtetes und im Kühlhaus am Tromörthof abgehangenes Kalb vorbei. Damit sind wir bei einer der wichtigsten Figuren des Gralhofs: Clara, der Köchin. Clara hat in Wien studiert, irgendwann landete sie in der Küche eines schicken Bio-Restaurants im ersten Bezirk, wo sie das Arbeiten mit Tieren nach der From-Nose-to-Tail-Methode lernte. Clara nimmt von Hannes die zwei Hälften des Kalbes entgegen, die der Lungauer mit letzter Kraft auf die frisch polierten Edelstahlplatten in der Küche hievt. Das Abendservice ist vor einer Stunde zu Ende gegangen, aber Clara zeigt keinerlei Anzeichen von Erschöpfung, sondern macht sich mit einem kleinen Messer an das Zerteilen des Kalbs. „Zuerst kommt das Filet dran, das schneide ich als Erstes raus", sagt sie und tut es. Einen Teil des Knochens bei der Schulter hat Hannes beim Schlachten auf dem Tromört-hof gebrochen, das macht die Arbeit für Clara etwas schwieriger. „Es ist das vierte oder fünfte Kalb in meiner Zeit im Gralhof", erzählt sie, „es waren auch noch Rehe und Hirsche, die Lämmer, die ich zerteilt habe, habe ich nie gezählt." Mit der Konzentration eines Chirurgen fitzelt, säbelt und schneidet die Küchenchefin des Gralhofs an dem Kalb herum. Da der Kalbs-hals, aus dem sich herrliche Rollbraten machen lassen, hier der Rücken, da die Schale, das klassische Teil fürs Wiener Schnitzel. Die Innereien und den Kalbskopf hat Hönegger bereits vor vierzehn Tagen vorbeigebracht, bevor das Kalb ins Kühlhaus zur Reifung kam. „Es wird kein Stück vom Tier zurückbleiben, das ist es, wie ich mir Kochen vorstelle", sagt Clara. Aus

Respekt vor dem Leben (und Sterben), aber auch weil das Arbeiten mit den unterschiedlichen Teilen Spannung und Abwechslung in den Küchenalltag bringt. Auch ins Menü der Gäste, wenn diese das wollen.

Stichwort Innereien – für viele Gäste in Österreich und Deutschland immer noch die Unberührbaren. „Einmal in der Woche haben wir Innereientag, da ist manchmal Überzeugungsarbeit gefragt", sagt Clara. Hannes sagt nichts, Hannes hat einen Zwetschkenschnaps bekommen, den er sich mit der Schlepperei der beiden Kalbshälften verdient hat, entspannt sitzt er auf einem Küchenmöbel. Einen Schnaps auf Haus bekommen in den Bergen Wanderer auf der Berghütte oder Metzger, die ein Kalb vorbeibringen. Circa eine halbe Stunde benötigt Clara für die erste Hälfte des Kalbes. Als es an die stärkeren Knochen geht, kommt ihr Michael mit einer Knochensäge zu Hilfe. Dann braucht Clara eine Pause. Zum Nachtessen davor kochte sie uns eine fantastisch umamige, dennoch hochelegante Consommé vom Ochsen aus der Landwirtschaft des Gralhofs, darin ein extra-flaumiger, weiß schimmernder Markknödel. Vom selben Ochsen kam dann der Zwiebelrostbraten, ein Klassiker der Wiener Küche, bloß bekommt man das in der Hauptstadt fast nie so mürb und gar nicht so dezent mit dem Fett des schön gereiften Ochsen.

An sich ist die kumpelhaft wirkende Clara aber eine Freundin der Gemüseküche, Fleisch kann sein, muss es aber nicht ständig. Die Gäste des Gralhofs gehen da gern freiwillig mit und schmecken nach, wie es ohne Fleisch und Fisch auf dem Teller ist, zum Beispiel bei dünnen Scheiben vom rohen Kohlrabi mit selbst fabrizierten Salzzitronen und einem ge-

räucherten Frischkäse, sogenanntem Schotten-
käse. Oder mit einer ansprechenden Mischung
aus Ricotta-Gnudi (Teigware, die ein wenig an
Gnocchi erinnert), Maiwipfeln, Roggen und
Königsausternpilzen. Am nächsten Tag zieht
sich bereits gegen fünf Uhr der Duft von Kalbsbraten durchs Haus. Man kommt nicht daran
vorbei, es sein denn, man würde sich über einen
der hunderte von Jahren alten Balkone abseil-
len. Das Problem: Heute ist doch Veggie-Tag,
der Tag der Verbeugung vor dem Fußabdruck,
den unser aller Fleischkonsum hinterlässt
(wobei der im Gralhof ohnedies unter aller Berücksichtigung von allem stattfindet). Was also,
welches Gemüse kocht Clara da für den heutigen Abend, dass es so duftet wie Kalbsbraten?
Der Gralhof-Gast betritt die Küche und steht vor
einem Riesenkochgefäß mit leise köchelndem
Kalbsfond, den das kleine Küchenteam rund um
Clara gerade aus den Knochen des am Vortag
angelieferten Tromörthof-Kalbs zieht. Nein, das
ist zu viel. Fleischverzicht, gut. Dann aber dieser
Duft im Haus, gar nicht gut. Clara lacht. Abends
gibt es herrliche Spinatknödel mit fermentier-
tem Rettich und Mohn, davor eine intensive,
klare Kartoffelsuppe mit eingelegten, winzigen
Eierschwammerln, die der Suppe die notwen-
dige Portion Säure verleihen. Den „Säurekick",
wie Restaurantkritiker gerne schreiben. Kein Be-
dürfnis nach Fleisch, so gut ist das. Wir trinken
eine Flasche Warga Hack aus Michael Knallers
übersichtlicher, aber gut ausgesuchter Wein-
auswahl. Auf einmal klingelt das Telefon. Wer
ist da? Der Metzger aus Lessach. „Ich hätte eine
Biosau, die würde ich euch gerne bringen. Ich
kann in einer halben Stunde da sein." Es ist jetzt
21 Uhr 31. Kurze Zeit später kommt Hannes mit
seinem Lieferwagen, öffnet die Tür zur Lade-
fläche, wo ein geschlachtetes, ganzes Schwein
liegt. Hannes dehnt seine Rückenmuskeln.

**„Einmal in der
Woche haben wir
Innereientag,
da ist manchmal
Überzeugungsarbeit
gefragt."**

WEIZEN-SAUERTEIG-BROT

Am Vortag alle Zutaten in der Küchenmaschine 10 Minuten zu einem glatten Teig wirken. Mit einem Tuch bedeckt bei Raumtemperatur 3 Stunden gehen lassen. In dieser Zeit den Teig alle 30 Minuten von Hand durchmengen, so bekommt er die bestmögliche Elastizität. Über Nacht in einer großen verschließbaren Schüssel im Kühlschrank aufbewahren.

Am Backtag einen Gärkorb (ersatzweise eine Schüssel) mit einem Geschirrtuch auslegen und mit Mehl ausstreuen. Den Teig aus dem Kühlschrank direkt auf eine bemehlte Arbeitsplatte fließen lassen und durch Falten mit bemehlten Händen zu einem Laib formen. Mit der Oberseite nach unten in den Gärkorb legen, das Tuch darüber zusammenschlagen und den Teig ca. 45 Minuten bei Raumtemperatur rasten lassen.

   In der Zwischenzeit das Backrohr auf 240 °C Ober-/Unterhitze vorheizen, dabei einen gusseisernen Topf mit hitzebeständigem Deckel im Backrohr aufheizen.

   Den Laib rasch in den heißen Topf gleiten lassen, mit einem scharfen Messer die Oberseite dreimal einschneiden. Deckel auf den Topf geben, Temperatur auf 230 °C reduzieren und das Brot zuerst 20 Minuten mit und dann 20 Minuten ohne Deckel backen. Aus dem Topf stürzen, auf einem Gitter auskühlen lassen.

Tipp: Darauf achten, dass auch der Knauf des Topfdeckels hitzebeständig ist

(hängt vom Material ab, Angaben des Herstellers beachten).

ZUTATEN (für 1 Laib)

500 g glattes Weizenmehl
   plus Mehl zum Arbeiten
400 ml Wasser
3 EL flüssiger Sauerteig
10 g Salz

KALBSRAHM-BEUSCHEL

Herz, Lunge und Zunge mit kaltem Wasser, grob geschnittenem Suppengemüse, 2 halbierten Zwiebeln, Pfeffer, Lorbeer und Salz aufstellen und langsam aufkochen lassen. Um zu verhindern, dass die Lunge über die Wasseroberfläche aufsteigt, am besten eine mit Wasser befüllte Schüssel, die in etwa dem Topfdurchmesser entspricht, auf dem Gargut platzieren.

Nach 1 Stunde die Lunge herausheben, Herz und Zunge noch etwas länger kochen, bis sie schön weich sind. Den Kochsud abseihen und als Aufgussmittel für die Sauce beiseitestellen.

Lunge auf einen Teller legen und mit Frischhaltefolie bedeckt ca. 1 Stunde auskühlen lassen. Die Haut abziehen und die Lunge gut zuputzen. Beim Herz die Fettablagerungen entfernen. Zunge, Lunge und Herz in dünne Scheiben und dann in Streifen schneiden.

Für die Sauce die restlichen 2 Zwiebeln fein würfeln. Knoblauch, Gurkerl und Kapern fein hacken. Butter schmelzen, Zwiebeln und Knoblauch darin rösten, Essiggurkerl und Kapern dazugeben, mit dem Mehl stauben. Senf hinzufügen, mit Weißwein ablöschen und mit Salz, Pfeffer, Thymian und etwas Majoran würzen. Mit 500 ml Kochsud aufgießen und 10 Minuten köcheln lassen.

In der Zwischenzeit das Wurzelgemüse schälen und in ebenso feine Streifen wie das Beuschel schneiden. Sauerrahm mit Mehl glattrühren. Beuschelstreifen in die Sauce geben, Gemüse hinzufügen und noch einmal aufkochen. Sauerrahm-Mehl-Mischung in die kochende Flüssigkeit einrühren und erneut einige Minuten leicht kochen lassen. Mit Zitronenzesten abschmecken und mit frischem Weizen-Sauerteig-Brot servieren.

ZUTATEN (für 4 Personen)

1 küchenfertiges Kalbsbeuschel:
  Herz, Lunge, Zunge
1 Bund Suppengemüse
4 Zwiebeln
8 Pfefferkörner
2 Lorbeerblätter
Salz
2 Knoblauchzehen
60 g Essiggurkerl
1 EL Kapern
40 g Butter
40 g glattes Mehl
1 EL mittelscharfer Senf
125 ml Weißwein (Riesling)
Pfeffer
Thymian
Majoran
Petersilie
1 Karotte
1 gelbe Rübe
¼ Knollensellerie
70 g Sauerrahm
1 EL glattes Mehl
Zesten von 1 Bio-Zitrone

Weizen-Sauerteig-Brot (S. 146)
  als Beilage

KOCHEN, NUR KOCHEN

Tommy Eder-Dananic

Mahlzeit in der Küche des Ikarus, eines der besten Restaurants im deutschsprachigen Raum. Service. Die Stimmung ist angespannt, aber nicht überhitzt. Die Köche tragen Headsets, als wären sie Security Guards vor einem Juwelierladen.

Doch abgesehen von den in immer kürzeren Abständen erfolgenden „Jawohl!"-Meldungen, wenn Martin Klein oder einer seiner Küchenchefs ein Kommando geben, herrscht hier heitere Gelassenheit, wenngleich Konzentration. Circa 20 Mitarbeiter erarbeiten Teller nach den Rezepten des Gastkochs des Monats. Heute ist es Ángel León aus Andalusien. Alle Zutaten wurden von den besten aller möglichen Lieferanten nach Salzburg transportiert, einige davon dem Restaurant schon seit Jahren verbunden. Am Küchentisch enge Freunde des Hauses, es ist fast unmöglich, ihn zu reservieren, wenn man nicht gerade Hannes Hönegger heißt, doch die Tuchfühlung mit den arbeitenden Köchen in der Küche ist die Anstrengung wert. Den Küchengeruch in der Kleidung muss man sich nach dem Essen einfach wegdenken und für genügend frische Luft sorgen. Tommy Eder-Dananic einer der beiden Küchenchefs des Ikarus, ist seit fast fünfzehn Jahren im Haus. An diesem Abend ist er anwesend und seine gute Laune ist das ansteckende Virus, von dem niemand genug bekommen kann. Wie auch den anderen Teilen des Teams merkt man Tommy an, wie er für seine Arbeit brennt. „Wenn du nicht viel arbeiten willst, werde Schnitzelkoch, aber dann sudere später nicht herum, dass es andere weiter gebracht haben als du." Der Satz stammt von Tommys Mama. Jetzt lassen wir einmal Tommy Eder-Dananic selbst zu Wort kommen.

Welchem Umstand verdanken es die Gäste, dass Tommy Eder-Dananic Koch wurde?

Meine Mutter stammt aus Kroatien. Als sie mit mir schwanger war, war sie Küchenhilfe in einem 1-Stern-Restaurant in Karlstein, ich selbst bin in Bad Reichenhall geboren. Ich wusste anfänglich natürlich nicht, was Gastronomie ist. Ich machte ein Praktikum als Maurer und erwies mich als untalentiert. Jede Mauer war schief. Am Thunsee arbeitete ich als Praktikant in einer Küche und verdiente schönes Geld. Dann beschloss ich, eine Kochlehre zu machen, ging zu einem Konditor in die Lehre, einem Witzigmann-Fan. Vielleicht war das die Grundlage für meinen späteren Lebensweg: Alles wurde frisch gemacht. Das waren meine Wurzeln. Ich denke, jeder Koch sollte zu Beginn eine gutbürgerliche Küche machen. Im Alpenhof in Anger arbeitete ich gefühlte 24 Stunden am Tag, machte abwechselnd Zitronenbutter und Pfeffersauce. Als ich mit der Lehre und der Schule fertig war, wollte ich nach Spanien, aber für mich als kroatischen Staatsbürger war das damals nicht möglich.

Kurze Zeit später bist du Souschef bei Johanna Maier. Inwieweit hat dich diese Zeit geprägt?

Ich war zwei Jahre in Filzmoos. Und es war die erste Hälfte der Nullerjahre, also Johanna Maiers beste Zeit. Bei Johanna herrschte ein toller Teamgeist, jeder sollte alles können. Jeden Tag wurde alles frisch produziert, die Sorbets, die Saucen, der geräucherte Saibling, die Gänseleber.

Das hat man geschmeckt.

Da bei oder für Eckart Witzigmann zu arbeiten mein Traum war, habe ich mich schon 2004 im Hangar-7 beworben. Der erste Versuch scheiterte. Beim zweiten Versuch sagte man mir, Roland Trettl sei nicht da, wobei ich aber wusste, dass das nicht simmte. Ich antwortete: Dann bleibe ich jetzt hier sitzen, bis er doch da ist. Ich kriegte mein Interview. Es hat ihn schon beeindruckt, dass ich zwei Jahre bei Johanna Maier durchgehalten habe. Es hieß dann, obwohl ich in Filzmoos ja Souschef gewesen war: Du fängst als Commis in der Patisserie an. Trettl war hart, aber gerecht. Man hat da schon seine Tiefs und Hochs, es ist eine harte Schule, aber ehrlich. Die Patisserie habe ich ziemlich im kleinen Finger. Es ist eine wunderbare Abteilung, man kann eigene kleine Universen entwerfen. Einerseits ist sehr präzise Arbeit gefordert, andererseits ist vieles möglich, Gemüse als Dessert, einfach alles.

Du bist die Sonne im Ikarus-Team, du scheinst auch hier deinen Hafen gefunden zu haben.

Wir sind ein Team. Jeder lernt von jedem. Ich zeige unseren Leuten Gerichte, irgendwann müssen diese die Mitarbeiter dann aber selbst machen. Die Rolex läuft nicht ohne den kleinsten Zacken. Es sind Millionen Faktoren. Ich lerne von den anderen auch, schmücke mich nicht mit fremden Federn. Loyalität und Ehrlichkeit sind das Wichtigste in unserem Beruf, denn es kommt alles irgendwann zurück. Ich schaue mir bei den Bewerbern nicht das Zeugnis an, denn ich war selbst schlecht in der Schule. Vorstellungsgespräche dauern fünf Minuten. Viele kriegen dann für ein paar Tage die Chance, hier zu arbeiten. Mein Leitsatz: Motiviere deine Leute, irgendwann machen sie fast alles für dich, vielleicht schaufeln sie sogar Schnee. Im Schnitt sind die Leute zwei bis drei Jahre bei uns. Ich bin Mensch geblieben und wahnsinnig froh, meine Passion gefunden zu haben.

Andere suchen ihr Leben lang danach, nach ihrer Passion.

Mein Vorteil ist meine Herkunft. Ich habe die Erde von Kroatien gespürt, meine Familie war arm, wir lebten von der Landwirtschaft. Lernten Zusammenhalt. Altes Brot haben wir mit Milch aufgegossen und gegessen. Das hat nichts mit der Resteverwertung zu tun, die gerade Mode ist. Das war Überleben. Von meiner Mutter und meinen ersten Ausbildungsjahren habe ich Folgendes gelernt: Regionale Gerichte sehe ich mit großem Respekt. Am Original bleiben, das ist nämlich schwierig. Ein Gulasch und handgeschabte Spätzle machen, das muss man können. Erst dann sind eventuell eigene Varianten erlaubt: An sich liebe ich euroasiatische Küche, brauche immer ein Zitronengras, ein gewisser Pep muss sein, sogar im Gulasch. Die Krise hat das Konzept des Ikarus in Bedrängnis gebracht. Ein paar Monate Normalität: Ein spannender Gastkoch, sein Menü, die Recherche, das Üben ist nicht mehr der Alltag der ständig alerten Crew. An diesem Abend ist es wie früher. Der Koch kommt an den Tisch, die

Gäste applaudieren, die Mannschaft freut sich. Was die Freiheit des Reisens betrifft, war das Ikarus immer ein Schönwetterprogramm. Seit Monaten, in Österreich ist zum Zeitpunkt der Arbeit an diesem Buch für Restaurants fast ein Jahr lang immer wieder Lockdown, ist Autarkie wieder ein Thema. Für das im eigenen Haus komponierte Menü bekommen Ikarus-Excutive-Chef Martin Klein und seine handverlesene Mannschaft gerade die stehenden Ovationen der Restaurantguides. Was für ein Unterschied zu der Zeit, als Roland Trettl noch in Interviews feixte: „Wir können niemals getestet werden, denn dank des Gastkochkonzepts sind wir unvergleichlich."

Wann darf sich ein Ikarus-Koch Ikarus-Koch nennen?

Man braucht drei bis vier Jahre, um den Hangar zu kennen. Man erkennt dann die Handschrift der internationalen Köche, der Schüler der großen Chefs, die sich mit ihren eigenen Lokalen selbstständig gemacht und erste Lorbeeren geerntet haben. Das fiel mir vor allem in Belgien oder in den Niederlanden auf.

Oft heißt es, die Seele einer Küche sei die Sauce.

Saucen sind allgemein eine wunderbare Spielwiese, da kann man an die Grenze gehen. Ich schmecke ab bis zum Ende. Und dann schmecke ich nochmal ab, und kurz vorm Servieren nochmal. Sauce ist Bauchgefühl und Leidenschaft. Auch eine Form der Tagesverfassung. Jeder Tag ist nicht gleich, man will einmal dieses, dann das.

Da hast du mit deinem Soy & Soul eine tolle Nische entdeckt.

War gar nicht meine Absicht. Meine Frau war es, die während des Lockdowns gesagt hat: Tommy, mach was! Du bist unausgelastet. Ich wollte was produzieren, das frisch ist.

Wie glatt ging das?

Wir gründeten eine GmbH, Tommys Soja, und wurden gleich wegen des Namens von einem großen Konzern geklagt. Das bedeutet in Anbetracht der Machtverhältnisse zurück an den Start. Alles sehr aufwendig. Dann hieß es Soy & Soul, was ohnehin viel besser ist. Wir arbeiten mit einer geschützten Werkstätte, am Produktionstag sind wir etwa fünf, dann kommen noch einige dazu, für Verpackung und Versenden. Am Ablauf haben wir lange getüftelt, es sind Lebensmittel, da muss alles passen. Ich will klein bleiben, habe allen Händlern abgesagt. Das Design muss auffallen, Sojabohnen, grell, im Kern des kleinen Unternehmens sind wir drei: Das Finanzielle machen meine Frau und ein Partner, den Online-Shop und das Design macht ein Freund, ich kann nur kochen.

Arbeitet ihr im Ikarus und im Hangar-7 auch mit deinen Saucen und Gewürzen?

Wir machen ständig alles neu, haben hunderte Vinaigrettes. Also: Nein, keine Tommy-Saucen im Hangar-7. Ich bin beruflich auch kein Saucenproduzent, ich bin vor allem Hangar-7-Koch.

Es lässt sich wohl sagen, dass du und Hannes gewissermaßen Seelenverwandte seid.

Hannes und ich sind Freunde, er ist ein durch und durch ehrlicher Mensch und ein Arbeitstier. Er macht die besten Käsekrainer. Für uns produziert er außerdem Burgerpatties und vieles mehr. Hannes ist ein Typ wie wir. Man merkt schnell, dass das passt.

Mit welchem Stück vom Kalb arbeitest du besonders gerne?

Ich mag alles, was man schmoren kann, deshalb die Shortribs. Und natürlich muss es ein wenig von einer würzigen Sauce sein. Wegen dem Pep!

12-STUNDEN-SHORTRIBS

vom Milchkalb, in Ponzu geschmort, mit Aligot, Erbsen und Pfifferlingen

Shortribs in Öl rundum anbraten. Salzen und pfeffern, mit Nussbutter und 100 ml Ponzu vakuumieren. Bei 68 °C 12 Stunden sous vide garen. Danach in einem Schmortopf im vorgeheizten Ofen bei 160 °C Ober-/Unterhitze mit dem Fond aus dem Vakuumbeutel und restlicher Ponzu bestreichen, bis die Flüssigkeit weitgehend eingekocht und das Fleisch butterzart ist (ca. 30 Minuten).

Währenddessen für den Aligot den Käse reiben, Butter schmelzen, Sahne erhitzen und Kartoffeln schälen. Butter, Sahne und Kartoffeln heiß mit einem Schneebesen glatt verrühren, würzen, den Käse am Schluss glatt unterrühren.

Erbsen kurz blanchieren, nach Wunsch ausgelöst oder in der Schote in Butter glasieren.

Pfifferlinge in Öl kross anbraten, mit Zitronenzesten und -saft, Salz und Pfeffer abschmecken.

Shortribs mit Schmorsaft, Aligot, Erbsen und Pfifferlingen anrichten, mit Fenchelgrün garnieren.

Tipp:
Wer keinen Sous-vide-Garer besitzt, gart die Shortribs im Schmortopf:

In Öl schön scharf anbraten, 3 klein geschnittene Zwiebeln und 1 klein geschnittene Karotte mit etwas Butter dazugeben und anschwitzen. Mit Rotwein ablöschen, mit Brühe oder Fond aufgießen und mit Ponzu beträufeln. Mit Deckel bei 160 °C Ober-/Unterhitze 1,5 Stunden schmoren, dann ohne Deckel 1,5 Stunden fertig garen.

ZUTATEN (für 4 Personen)

Shortribs:
Shortribs von 1 Milchkalb
Öl zum Braten
Salz
Pfeffer
250 g Nussbutter
200 ml Ponzu
   (gern von Soy & Soul)

Aligot:
60 g Bergkäse
125 g Butter
125 g Sahne
300 g frisch gekochte Kartoffeln
Salz
Pfeffer
Muskat

Erbsen:
500 g Erbsenschoten
1 EL Butter

Pfifferlinge:
250 g Pfifferlinge
Öl zum Braten
½ Bio-Zitrone
Salz
Pfeffer

Fenchelgrün für die Garnitur

FLEISCH ALS RELIGION

Lucki Maurer

Aufregung im Vatikan. Der Kardinal eilt zum Papst. „Eure Heiligkeit, wir vernehmen aus Deutschland, dass dort von einem Papst gesprochen wird. Doch unsere Bischöfe wissen nichts." Der Papst antwortet: „Dass die Bischöfe von nichts wissen, höre ich nicht zum ersten Mal, ich habe mich daran gewöhnt. Aber was hat es mit diesem Papst auf sich?"

Der Kardinal zeigt dem Papst ein Magazin. „Hier, Eure Heiligkeit, da ist ein Bild von ihm und darunter steht: Der Papst." Der echte Papst mustert das Bild und sagt: „Schöner Bart, sein Rot erinnert mich an meine Prada-Schuhe. Aber hier steht noch mehr: Das ist Ludwig Maurer, der Rindfleischpapst." Der Kardinal sieht genau hin. „Also kein Gegenpapst, wie einst in Avignon?" Der echte Papst: „Wenn die deutschen Mitbrüder glauben, sie benötigten einen Rindfleischpapst, hat die Kirche nichts dagegen einzuwenden." Der Kardinal zieht sich zurück. Der Papst lässt sich in die Küche verbinden: Was gibt es heute zum Abendessen? Ich hätte wieder einmal Freude an einem richtig guten Brasato!"

Papst Lucki I. also. Der Begriff Papst schmeckt Ludwig Maurer nicht so sehr, weil er Superlative nicht mag, er kann aber damit leben. Er sagt: „Papst ist besser als King of Kotelett, so hat man mich auch schon mal genannt." Ludwig Maurer glaubt an gutes Fleisch von Tieren, die ein gutes Leben haben. Es züchtet Wagyūrinder, die teuerste und berühmteste Rinderrasse der Welt. Ludwigs Weiterentwicklung des Gebotes von der Nächstenliebe ist: From Nose to Tail. Seine Lehre handelt vom Miteinander von Mensch, Tier und Natur. Er sagt dazu: Elementare Landwirtschaft. „Die Tiere sollen das Leben und die Elemente spüren. Wenn die Sonne scheint oder ein kalter Wind weht, soll es Teil ihres Lebens sein." Und noch etwas, auch wenn Lucki Maurer den Begriff Nutztiere hasst, sagt er: „Wenn wir schon Nutztiere haben, ist es unsere Verantwortung, dass es diesen Tieren in ihrem Leben an nichts fehlt."

Lucki Maurers Jünger sind wissbegierige Gourmets und namhafte Küchenchefs, die zu ihm auf sein STOI pilgern und dort um nicht wenig Geld Kurse und Events buchen oder selbst mit ihm kochen. Nicht nur der echte Papst in Rom, sonder auch Lucki I. reist gerne, meistens sind Kameras dabei, wenn er in Bergschuhen im Tiroler Windachtal oder im offenen Cabrio in Paris unterwegs ist, immer auf der Suche nach dem perfekten Steak.

Es war die Serie „In 80 Steaks um die Welt", durch welche Hannes auf den Papst aufmerksam wurde und seine eigene Berufung spürte. Er sah die Serie im Gefängnis. Von dem Augenblick an war Ludwig Maurer Hannes' Gott, er wollte nichts anderes mehr, als ihm möglichst bald gegenüberzutreten. Bevor dieser Wunsch in Erfüllung gehen sollte, eignete er sich via Internet alles Wissen über Fleisch, Rinderrassen und alle Zubereitungsarten an, das man dort finden kann. In Garsten arbeitete Hannes in der Metzgerei. „Ich bewundere Hannes' Willensstärke", sagt Ludwig Maurer, „vieles an ihm und seinem Betrieb im Lungau erinnert mich an meine, unsere Anfänge."

Ludwig Maurer wird in eine alteingesessene Gastronomie-Familie hineingeboren. Sein Vater Josef ist ohne Zweifel dafür verantwortlich, dass der junge Lucki ein Gefühl für ökologische Landwirtschaft und den Respekt vor Tieren und Pflanzen sozusagen mit der Landluft inhaliert. Dass er den Beruf des Kochs ergreifen wird, ist ihm bereits im Alter von 15 Jahren klar. Solche frühen Entscheidungen bescheren einen gewaltigen Vorsprung im Leben. Im Jahr 2003 lernt er Stephan Marquard kennen, der kurze Zeit später sein Lehrmeister wird. Marquard gilt als

Gelehrter in zeitgemäßer internationaler Küche, er schreibt Rezeptstrecken für deutsche Hochglanz-Gourmet-Magazine. Aus dem Schüler-Lehrer-Verhältnis entsteht eine Freundschaft und aus Ludwig und Stephan wird ein erfolgreiches Team, das mit Koch-Events Erfolge feiert.

Man reist durch Europa, macht Station in der Schweiz, in Dänemark, in Griechenland und auch in Australien. Wer so viel über gutes Fleisch weiß wie Ludwig Maurer, will es bald selbst als Züchter versuchen. Klar, dass sich der kommende Papst Lucki für eine besonders angesagte Rinderrasse entscheidet, das aus Japan stammende und nicht nur dort als delikatestes Rindfleisch der Welt glorifizierte Kobe-Beef, wobei die eigentliche Rasse auf den Namen Wagyū hört. Zurzeit umfasst die Zahl der Wagyū-Rinder auf dem STOI etwa sechzig Tiere. Seit seinen Auftritten in der Sendung „The Taste" ist Lucki I. ist offiziell deutscher „Fleischpapst".

Immerhin, das ist ein Titel, der in der Kategorie Gurke oder Süßerdäpfel noch nicht verliehen wurde. Ludwig Maurer ist der richtige Mann zur rechten Zeit am rechten Ort. „Die Lücke zwischen ‚Mir is' wurscht, Hauptsache billig' und Qualität wird auch in Deutschland kleiner. Die Leute interessieren sich immer mehr fürs Kochen, investieren viel Geld in Küchen und kennen sich immer besser aus. Ich denke, dass Kochsendungen da viel Neugierde geweckt und Wissen vermittelt haben."

Ludwig Maurer erzählt, wie Hannes einst vor ihm stand und sagte: „Ich möchte dir einen Stier abkaufen, was kostet er?" Lucki nannte ihm den Preis. Hannes arbeitete im Bierzelt, um sich das Geld für den Stier zu verdienen. Dann tauchte er mit dem Bargeld in der Hosentasche (ein stattliches Sümmchen übrigens) im STOI auf und war ab diesem Zeitpunkt Besitzer eines Stiers aus Ludwig Maurers Wagyū-Zucht. Das Prachtexemplar residiert in einem Luxusabteil des auf 1.260 Metern Seehöhe gelegenen Stalles am Tromörthof, mit gutem Stroh und schöner Aussicht ins Lungauer Gebirge.

Maurer schreibt für Magazine, etwa für „Beef", publiziert eigene Bücher, etwa das Hauptwerk, die Bibel, wenn man so will, mit dem Titel „Fleisch". Seine Bücher werden mit internationalen Awards bedacht, auch das zweite Werk „Rind Complete", womit er sich die Achtung seiner kochenden Kollegen verdient. Ein weiteres Buch erscheint ein paar Jahre später: „Wilder Wald".

Ludwig Maurers Domänen sind allerdings immer noch BBQ & Grill, vollkommen unterschiedliche Garmethoden, die oft in einem Atemzug genannt werden, weil in beidem Feuer eine Rolle spielt. Lucki Maurer erklärt: „Grillen am offenen Feuer ist perfekt für Steaks und Koteletts, während BBQ, das langsame Garen im geschlossenen Raum, zu Fleisch mit hohem Kollagengehalt passt."

Aus der geschäftlichen Beziehung mit Hannes wurde schließlich eine Freundschaft, und das liegt nicht nur am beruflichen Gleichklang der beiden: „Als Hannes bei uns am STOI auftauchte, sagten meine Leute: Das ist ein echter Österreicher. Man fühlt sich sofort wohl mit ihm. Das ist einer, der dir auf der Skihütte Jagatee und Germknödel serviert." Es gibt unangenehmere Komplimente.

Hannes arbeitete im Bierzelt, um sich das Geld für den Stier zu verdienen. Dann tauchte er mit dem Bargeld in der Hosentasche (ein stattliches Sümmchen übrigens) im STOI auf und war ab diesem Zeitpunkt Besitzer eines Stiers aus Ludwig Maurers Wagyū-Zucht.

KALBSHERZBRIES

mit getrüffelter Selleriecreme, wildem Broccoli, Steinchampignons und Kalbsjus

Kalbsherzbries gut wässern, währenddessen Broccoli und Selleriecreme zubereiten: Sellerie schälen und in grobe Würfel schneiden. Leicht mit Salz und Zucker würzen und 5–10 Minuten stehen lassen. Öl in einem Topf erhitzen, Butter dazugeben und schmelzen lassen. Sellerie dazugeben und farblos anschwitzen. Mit Wein ablöschen, mit Sahne auffüllen. Leicht köcheln lassen, bis die Würfel weich sind, dann alles pürieren. Zum Schluss Trüffelbutter oder frischen Trüffel zugeben und mit weißem Pfeffer abschmecken. Broccoli putzen (Blätter dranlassen). Salzen, Salz ca. 10 Minuten einziehen lassen. Ahornsirup zugeben, den Broccoli in einer Pfanne mit Olivenöl vorsichtig anbraten.

Während der Broccoli zieht, Bries mit einem Küchentuch trocken tupfen. Putzen, in schöne Röschen portionieren und salzen. In einer Pfanne mit Pflanzenöl scharf anbraten. Ahornsirup, Butter, Rosmarin, Thymian und Salbei dazugeben und das Kalbsherzbries goldgelb glasieren. Mit Pfeffer würzen.

Eine Nocke Selleriecreme auf die Teller geben, Broccoli und Kalbsherzbries daneben anrichten. Mit Kalbsjus nappieren, mit Blutampfer garnieren. Steinpilze oder Steinchampignons mit einem Trüffelhobel hauchdünn darüberhobeln.

ZUTATEN (für 4 Personen)

Kalbsherzbries:
200 g Kalbsherzbries
Salz
1 EL Pflanzenöl
1 TL Ahornsirup
25 g Butter
1 Rosmarinzweig
1 Thymianzweig
1 Salbeizweig
weißer Pfeffer

Wilder Broccoli:
8 Rosen wilder Broccoli
Salz
1 TL Ahornsirup
1 EL Olivenöl

Selleriecreme:
1 Knollensellerie
Salz
Zucker
20 ml Pflanzenöl
40 g Butter
50 ml Weißwein
300 ml Sahne
20 g Weiße-Trüffel-Butter oder
   etwas frischer weißer Trüffel
weißer Pfeffer

Zum Garnieren:
Kalbsjus (S. 170)
Blutampfer
4 Steinchampignons
   oder Steinpilze

> **Die Tiere sollen das Leben
> und die Elemente spüren.
> Wenn die Sonne scheint oder
> ein kalter Wind weht, soll es
> Teil ihres Lebens sein.**

Lucki Maurer

DEUTSCH-ÖSTERREICHISCHE FREUNDSCHAFT

Willi Schlögl & Johannes Schellhorn

Berlin sei ein hartes Pflaster, heißt es. Die Herren Schellhorn und Schlögl sind härter. „Arm, aber sexy", sagten die Stadtväter über Berlin. Seit die Clubs geschlossen haben, ist es mit dem Sex vorbei, nur die Armut ist immer noch da.

Johannes Schellhorn und Willi Schlögl waren immer schon sexyer als die Stadt, in der sie arbeiten. Das wissen deutsche Weinfreunde nicht erst, seitdem sich die beiden fast nackt für das Cover des „Sommelier"-Magazins fotografieren ließen. Ohne Österreicher in der Gastronomie, ohne „die Ösis", wie man sie nennt, würde das Leben in Berlin härter sein, als es ohnehin ist. Vernarbt, vom Wetter geprägt, ein bisschen auch von der pastelligen Politik der vergangenen Jahre. Gäste der Weinbar Freundschaft, die sich dort am liebsten täglich Berlin schöner und fröhlicher trinken, und zwar mit Wein, nicht mit Bier oder Korn, bestätigen das.

Warum der Name? Schellhorn sagt: „Wie so vieles von uns handelt es sich um eine gemeinsame Idee. Mir gingen die österreichischen FPÖler auf die Nerven und da hab ich mit ‚Freundschaft‘ zu grüßen begonnen. Als wir einen Namen gebraucht haben für die Bar, wollte ich nichts mit

Wein im Namen. Und da hab ich mir gedacht: Freundschaft passt. Gefühlt gibt's in jedem Kaff ein „Weinstein" oder eine Weinbar XY. Der Schlögl hat meinen Gruß übernommen, gut so." „Keiner hat's verstanden, aber jeder fand es irgendwie geil", fügt Willi Schlögl hinzu.

Obwohl man den Berlinern preußische Disziplin und einen mit Currywurst und Schnaps geschulten Geschmack nachsagt – die guten Restaurants und Bars sind voll mit Berliner Gästen. Tourist*innen kommen nicht wegen des Essens und Trinkens in die Stadt, Berlin ist nicht Barcelona oder Kopenhagen. Sie kommen wegen des Fernsehturms und der Clubs. Seit der Krise kommen sie nur noch wegen des Fernsehturms. Für Österreicher*innen ist der Fernsehturm unter den Berliner Lokalen die Freundschaft, dezent im Souterrain gelegen, bisweilen laute, aber immer sehr gute Musik, gemütliche Nischen, ein hufeisenförmiger, blank geputzter

Tresen, der endlos lang scheint wie die Groß-glockner-Hochalpenstraße und an dem wirklich aufregende Weine konsumiert werden. Auf dem Teller finden sich beliebte Exportartikel des kulinarischen Österreich. Wir lassen Willi Schlögl und Johannes Schellhorn selbst erklären, was den Charme ihrer Bar ausmacht.

Willi sagt: „Wir tüfteln fast jeden Tag an Verbesserungen und wenn es auch nur kleine Stellschrauben sind, die nach außen gar nicht auffallen. Es steckt sehr viel Leidenschaft, Disziplin und Aufopferung in diesem Projekt, und das kann man nicht doubeln. Wenn es die ‚Freundschaft' noch nicht gäbe, würde ich es jederzeit wieder genau so machen." Johannes macht es kurz: „Die beste Entscheidung."

Willi Schlögl arbeitete lange in der Cordobar, einem ebenfalls von Österreichern dominierten Weinlokal, in dem damals der blutjunge Lukas Mraz kochte und das als einer der besten und aufregendsten Läden Berlins galt. Johannes Schellhorn wollte eigentlich immer weit weg vom elterlichen Betrieb sein, dem im deutschen Reise-Feuilleton schon mehrfach hochgelobten Seehof im salzbürgerlichen Goldegg. Das Gericht, das für unser Buch gekocht wurde, ist allerdings typisch Seehof, wo Papa Sepp Schellhorn immer schon eine vorbildlich schnörkellose, wilde Innereienküche anbot. „Ich hab es als Kind gehasst. Mittlerweile koche ich aber gern Zunge und esse gern Zunge."

Innereien gehören in Deutschland außerhalb Bayerns zur verpönten Küche, wie Wolfram Siebeck sie einst nannte. Während man in Frankreich, Italien und Österreich wie selbstverständ-lich Hirn, Lunge, Leber, Bries, Zunge, Kutteln und Niere vom Kalb, seltener Innereien vom Schwein oder Lamm zubereitet und mit großem Genuss verzehrt, haben große Teile Deutschlands eine Abscheu dagegen entwickelt. Innereien gelten als zweitklassiges Essen, als etwas, worauf man sich tunlichst lieber nicht einlässt. Kutteln, eine Leibspeise in Lyon oder in Florenz, gibt der Deutsche allenfalls dem Hund zu fressen.

In der Freundschaft gibt es selten Innereien, der Hit an der Bar ist Beinschinken mit Kren und Gurkerl, eine Stärkung als Antwort auf das geschmackliche Babylon der Stadt Berlin, mit ihrer Mischung aus Japan, China, Indien, Marokko, Israel, Frankreich, Italien und natürlich Österreich. Das kulinarische Österreich erfreut sich in Berlin großer Wertschätzung. Im Café Einstein unter den Linden gibt es nicht nur gute Croissants, sondern auch ein Wiener Frühstück und laut Johannes Schellhorn ist auch das Wiener Schnitzel dort zu empfehlen. Während das Schnitzel im guten alten Borchert weniger eine Offenbarung als eher ein Klischee ist. Willi Schlögl kann mit Schweinsschnitzel übrigens mehr anfangen als mit dem vom Kalb und er sagt, dass er es am liebsten bei der Mama isst. Schnitzel-Vielesser werden ihm recht geben, das Original Wiener, so sieht es das geschriebene und auch das ungeschriebene Gesetz vor, muss vom Kalb sein.

Ein paar Fragen haben wir noch. Kann man mit einer Weinbar in Berlin reich werden? „Reich an Erfahrungen vielleicht, auch sehr reich an Räuschen", lacht Willi Schlögl, „Reichtum stelle ich mir außerdem langweilig vor, Geld sehe ich nur als Tauschmittel für Wein." Stimmt es denn, dass die Berliner wenig vom Essen und vom Trinken verstehen? „Deshalb kommen sie zu uns", sagt Willi und Johannes fügt hinzu: „Den Berliner gibt es ja gar nicht mehr, wir selbst sind mittlerweile Berliner und trotzdem Ausländer." Woran erkennt man die Redakteure der FAZ, in deren Gebäude die Freundschaft liegt, wenn sie die Bar betreten? „Sie versuchen Moscow Mules und Martinis zu bestellen und bestehen auf getrennten Rechnungen."

Wein, einst ein klassischer Fall von Mansplaining, ist immer öfter ein Thema für Frauen und es verstärkt sich der Eindruck, dass Frauen weniger reden, sich aber besser auskennen, vor allem weil sie angeblich über eine ausgeprägtere Geruchswahrnehmung verfügen als Männer. „Der Beruf des Sommeliers hat mit dem Geruchsvermögen wenig zu tun, er beinhaltet im Prinzip nichts anderes als das Übersetzen des Wunsches des Gastes aus der selbst kuratierten Weinkarte. Frauen gibt's allerdings leider viel zu wenige im Business, weil es ein sehr familienunfreundlicher Beruf ist." Das sagt Johannes Schellhorn und Willi Schlögl meint: „In letzter Zeit hab ich das Gefühl, dass Frauen generell mehr Ahnung haben. Am Riechen allein wird's nicht liegen."

Die starke Frau, die hinter den erfolgreichen Betreibern der Freundschaft steht, ist Stefanie La. Sie sorgt dafür, dass es neben dem Beinschinken mit Kren noch anderes gibt und die Gäste während des Trinkens nicht verhungern. Nicht nur die Gäste der Freundschaft, auch viele gute Winzer, nicht zuletzt viele gute Winzer aus Österreich, müssen ihr dankbar sein. Ein verhungerter Gast ist wie auch ein verdursteter Gast kein guter Gast.

In der Freundschaft gibt es selten Innereien, der Hit an der Bar ist Beinschinken mit Kren und Gurkerl, eine Stärkung als Antwort auf das geschmackliche Babylon der Stadt Berlin.

KALBSZUNGEN-„CEVICHE" FREUNDSCHAFT

Am Vorabend die rote Zwiebel in Scheiben schneiden und in (Reis-)Essig einlegen.

Kalbszunge mit grob geschnittenem Suppengrün 1,5–2 Stunden kochen, bis sich die obere Haut gut abziehen lässt, dann häuten.

Olivenöl, Verjus, Apfelbalsam, Apfelessig, Madeira, Salz und Pfeffer zu einer Marinade verrühren (ruhig sauer halten).

Lauwarme Zunge in 0,5 cm dicke Scheiben schneiden (bei Bedarf im Sud nochmal lauwarm erwärmen), auf tiefen Tellern anrichten. Frühlingszwiebel, Chili und Knoblauch fein schneiden und darüber verteilen. In Essig marinierte Zwiebel und Brotchips/Croûtons darüber auftürmen, mit grob gehackter Petersilie garnieren und behutsam mit Marinade übergießen.

Tipp:
Den Kochsud der Zunge aufheben, er kann z. B. für Risotto verwendet werden.

ZUTATEN (für 4 Personen)

Kalbszunge:
1 rote Zwiebel
(Reis-)Essig zum Einlegen
1 Kalbszunge
1 Bund Suppengrün
1 Frühlingszwiebel
1 Chilischote ohne Kerne
1 Knoblauchzehe
1 Handvoll Brotchips oder
  Croûtons
Petersilie

Marinade:
Olivenöl
Verjus (Heinrich)
Apfelbalsamessig (Gölles)
Apfelessig (Gölles)
1 Schuss Madeira

KALBSJUS LUCKI MAURER

Knochen und Abschnitte vom Kalb in einem großen flachen Topf oder einer Brat-Reine stark anrösten. Grob geschnittene Karotten, Zwiebel und Sellerie, angedrückte Knoblauchzehen sowie Rosmarin, Thymian, Lorbeer, Wacholder und Pfefferkörner zugeben. Tomatenmark ebenfalls kurz mit anrösten. Mit ⅓ des Rotweins ablöschen und komplett einreduzieren lassen, bis keine Flüssigkeit mehr vorhanden ist. Diesen Vorgang 3 Mal wiederholen.

Mit Wasser auffüllen und 2 Stunden offen köcheln lassen. Darauf achten, dass stets genug Wasser im Topf ist, um Knochen und Gemüse zu bedecken – gegebenenfalls Wasser nachfüllen. Portwein zugeben und etwas reduzieren. Flüssigkeit durch ein feines Sieb passieren. Wieder auf den Herd stellen und weiter einreduzieren, bis die Jus die gewünschte Konsistenz erreicht hat.

ZUTATEN

300 g Kalbsknochen
300 g Kalbfleisch-Abschnitte
2 Karotten
1 Zwiebel
½ Knollensellerie
2 Knoblauchzehen
2 Rosmarinzweige
10 Thymianzweige
3 Lorbeerblätter
6 Wacholderbeeren
1 EL Pfefferkörner
3 EL Tomatenmark
750 ml Rotwein
80 ml Portwein
Salz

KALBSJUS
DOMINIK STOLZER

Öl in einer Bratpfanne oder einem Topf erhitzen. Knochen anbraten, dann die Parüren und Ochsenschlepp dazugeben. Das Gemüse in Würfel schneiden. Wenn die Parüren leicht braun werden, Gemüse dazugeben und mitrösten. Tomatenmark einrühren, gut mitrösten, mit Madeira und der Hälfte des Rotweins ablöschen.

Wenn die Flüssigkeit fast verdampft ist, mit dem restlichen Rotwein aufgießen. Die Gewürze dazugeben und mit Kalbsfond/Rindsuppe aufgießen. Flüssigkeit bei niederer Temperatur ca. um die Hälfte reduzieren, dabei immer wieder das Fett mit einem Schöpfer entfernen. Durch ein feines Etamin (Passiertuch) seihen und mit in Wasser angerührter Speisestärke leicht binden. Mit Salz und Pfeffer abschmecken.

ZUTATEN

Öl zum Anbraten
800 g fein gehackte Kalbsknochen
300 g Kalbsparüren (Fleischabschnitte)
200 g Ochsenschlepp
½ Stange Lauch
2 Zwiebeln
½ Knollensellerie
2 schöne Karotten
30 g Tomatenmark
200 ml Madeira
1 l Rotwein
2 l Kalbsfond oder Rindsuppe
2 Lorbeerblätter
7 Pfefferkörner
4 Wacholderkörner
etwas Petersilie
Speisestärke zum Binden
Salz
Pfeffer

Menschenbilder

WER DIE TIERE LIEBT, SOLLTE AUCH DIE MENSCHEN MÖGEN. DIESE PERSONEN SIND HANNES HÖNEGGER BESONDERS ANS HERZ GEWACHSEN.

Christoph Hofmayer

Der Katschberg ruft

Herbst, Zwischensaison mit Prachtwetter. Eine Gruppe Menschen durchquert auf Segways den Ort. Sie wirken in der Bergwelt seltsam surreal. Sonst tut sich nicht viel, auch wenn einige der Hotels geöffnet haben. Der Katschberg liegt zwischen Kärnten und dem Lungau, unter ihm führt der Tunnel durchs Gestein, in dem sich deutsche – und österreichische – Urlauber im Sommer in den Urlaub stauen. Auf dem Berg hat sich ein kleines Hoteldorf positioniert. Man punktet hier nicht mit Gourmet-Cuisine und zentimeterdicken Weinkarten. Der PR-Agentur-Besitzer im Herrenpelz flaniert eher in Kitzbühel oder Lech. Am Katschberg zelebriert man die Nachhaltigkeit, das Produktversprechen lautet Klimaurlaub. Wie auch immer sich der gestaltet, die Luft ist hier natürlich bestens, das Wasser wie fast überall in den Bergen eine natürliche Köstlichkeit. Auf dem Teller mag es der Katschberg-Gast bodenständig und familienfreundlich.

Der gastronomische Unternehmer Christoph Hofmayer hat sich ein Erfolgsquartett für sein „Stamperl" ausgedacht: Pizza, Pasta, Burger, Bier. Er betreibt eine Mischung aus Almhütte und Bierlokal, gleich neben der Skipiste, wo man sich auf einer wunderbaren Sonnenterrasse vom Skisport (im Sommer sind es Wanderungen in wunderschöner Umgebung) entspannen und abends in einem mit viel Liebe zum Detail gestalteten Gastraum bewirten lassen kann. Poliertes Holz, verhaltener alpiner Chic, im Hintergrund eine schöne, blank geputzte Brauerei, optisches Herzstück des Lokals neben dem imposanten Pizza-Backofen. Aus der Musikdose tönt „Du schmeckst so gut nach Schokoladeneis". Im Lokal duftet es nach Spaghetti Bolognese und Lasagne. Eine Familie hat sich zum Mittagessen niedergelassen. Logos und Plakate von berühmten Bieren und Brauereien hängen an einer Wand. Hier braut der Bier-Aficionado Hofmayer sein Katschbeer, ein Craftbeer, das in seiner Qualität mit den besten Vorbildern mithält. Es ist die höchstgelegene Bierbrauerei, sie befindet sich auf 1.670 Metern Seehöhe. Nach einem patentierten Brauverfahren werden hier 1.000 Liter Bier pro Tag produziert. Die Zutaten zu diesem bernsteinfarbenen Bier kommen aus Österreich – Hopfen, Malz und das einzigartige Katschberger Quellwasser. Das Katschbeer ist ein fülliges, animierendes Bier. Kaum hat man vom ersten Glas getrunken, ist man in Gedanken schon beim zweiten. Hofmayer, der an der WU Innsbruck studiert hat, war selbst vollkommen ahnungslos in Angelegenheiten ums Bierbrauen. Er holte sich deshalb zwei pensionierte Braumeister und sagte ihnen, er würde sie erst wieder vom Katschberg hinunterlassen, wenn die kleine Bierbrauerei perfekt funktioniere und er das Know-how komplett intus habe. Die Bierbrauer haben Hofmayer ein Jahr lang begleitet und ohne die beiden wäre die Brauerei nicht, was sie ist.

„Es ist zu wenig, einfach ein Lokal aufzusperren", sagt Christoph Hofmayer, „und zu glauben, das Geschäft läuft, wenn du einfach Schnitzel und Spaghetti anbietest." Hofmayer hat sich manches überlegt, bevor er sich vor einigen Jahren selbstständig machte. „Ich sage nicht, dass es nicht laufen würde. Aber eine Positionierung, ein Angebot, das dich von den anderen unterscheidet, ist doch viel erfolgversprechender." Deshalb das Katschbeer, deshalb die Pizza und die Burger mit den Patties vom Tromörthof. „Ich bin ein Bier-Typ, mir taugt das, ich trinke lieber Bier als eine Flasche Wein. Und es ist mir ein Thema der Leidenschaft. Wenn du das Thema nicht lebst und die Sache nicht liebst, kommt nichts Gescheites heraus. Selbst wenn du die tollste und teuerste Brauerei der Welt besitzt." Zu den Zahlen: „Im Jahr brauen wir circa 35.000 Liter, das sind 100.000 kleine Bier, die benötigen wir für den Gastbetrieb." In Form von Zweiliterflaschen und Sixpacks werden zehn Prozent nach außen verkauft.

Hier braut der Bier-Aficionado Hofmayer sein Katschbeer, ein Craftbeer, das in seiner Qualität mit den besten Vorbildern mithält. Es ist die höchstgelegene Bierbrauerei, sie befindet sich auf 1.670 Metern Seehöhe.

Hannes und Christoph kennen einander seit drei Jahren. Es war der Anspruch des Lokals, sich im Niveau zu verbessern und mehr und mehr auf Zutaten aus der Region zu setzen. Auf der Suche nach den idealen Patties für seine phantasievoll kreierten Burger stieß Hofmayer auf den Bio-Schlachthof von Hannes Hönegger, der gerade seinen Lungaugold-Shop eröffnet hatte und das Geschäft mit großer Emsigkeit betrieb. „Ware und Qualität müssen passen", ist Hofmayers Anspruch. Wie es oft so ist: Wenn in einer geschäftlichen Beziehung alles passt, wird aus dem Geschäft Freundschaft. Zwischen Hannes und Christoph passt alles.

Der Name „Stamperl" ist eher 70er-Jahre. „Wir haben uns auch überlegt, den Namen zu ändern, weil er gar nicht mehr zum Lokal passt", sagt Hofmayer, „schließlich haben wir uns entschieden, ihn beizubehalten. Es muss nicht immer alles nach Schema F laufen."

Jetzt verspürt auch der Wirt Appetit. Was wird es heute sein? Auf der Tageskarte steht Zwiebelrostbraten. Ein Essen, das nur zubereiten sollte, wer auf seinen Metzger wirklich vertraut.

Toni Klein

Kryptonier aus Tamsweg

Da hängt ein Poster von Superman im Büro von Toni Klein. Das Zimmer dient ihm als Besprechungszimmer und für kleine Vorträge, es schließt eine hochwertig und großzügig eingerichtete Küche mit ein. Superman ist, wie alle Kenner*innen der Populärkultur natürlich wissen, der Urvater aller DC-Comic-Ikonen und Superhelden. Der junge Kal-El wird von seinem Vater Jor-El vom der Vernichtung geweihten Planeten Krypton auf die Erde gesandt und erlangt dort übermenschliche Kräfte. Bei seinen Pflegeeltern, den Kents, erhält der kleine Kal-El vulgo Clark Kent Unterricht in Ethik und Menschlichkeit, sprich: amerikanischen Idealen während der großen Wirtschaftskrise in den 30er-Jahren. Damals erscheinen die ersten Superman-Comics, die Originalausgaben erzielen bei Auktionen Millionen. Superman, der in Metropolis eine Tarnexistenz als Reporter Clark Kent führt, wird später in vielen Kämpfen gegen mit viel Phantasie konzipierte Superschurken siegen, und man wird sich wundern, wie er es schafft, aus all diesen Gemetzeln so unversehrt hervorzugehen, und dass sein buntes Kostüm nie abgetragen wirkt und warum ihm trotz Überschallgeschwindigkeit und energiegeladener Faustkämpfe nicht einmal die Frisur verrutscht. Toni Klein trägt kein buntes Superman-Kostüm, meistens stylische Trainingsanzüge oder einfach perfekt sitzende Jeans. Er sieht aus wie ein Double des Helden auf dem Poster. Allerdings verdankt er seine Muskeln nicht seiner Geburt auf einem fernen Planeten, sondern ausdauerndem Training und kluger Ernährung.

Toni Klein rettet nicht die ganze Welt, aber viele Menschen vor dem bösen Bruder des glatzköpfigen Oberbösewichts Lex Luthor, der nach der Weltherrschaft strebt und den Menschen Trägheit,

Für Sportler*innen ist Kalbfleisch neben Fisch der beste Lieferant von Proteinen und schmecken tut es auch, vorausgesetzt, das Kalb hat gut gelebt und gut gegessen.

Unglück und Couch-Potato-Figur bringt. Statt Hitzeblick verströmt Toni Klein Good Vibes, sich seiner positiv aufgeladenen Energie zu entziehen ist unmöglich. Er coacht Führungskräfte und ihre Mitarbeiter*innen und Prominente, die ihrem Körper Gutes tun wollen. Namhafte Unternehmen wie Porsche oder Red Bull zählen zu seinen Kunden. Toni Klein ist ein Superman des Wissens über Ertüchtigung, Training und richtige Ernährung. „Das Wellnesscenter ist die Küche", sagt er. Und: „Unser Gehirn besteht zu 60 Prozent aus Fett, also müssen wir die richtigen Fette essen, Seefisch oder Nüsse." Dem Körper empfiehlt er Gemüse, Vitamine, Obst – und Kalbfleisch, weil es besonders bekömmlich sei. Und aufgepasst: „Wer beim Fleisch das Fett wegschneidet, hat das Thema Ernährung nicht verstanden." Für Sportler*innen ist Kalbfleisch neben Fisch der beste Lieferant von Proteinen und schmecken tut es auch, vorausgesetzt, das Kalb hat gut gelebt und gut gegessen. Sie merken schon: Wir schauen uns in diesem Kapitel das Lungauer Biokalb von der Seite eines Experten für gesunde Ernährung an. Sein Urteil: Thumbs up.

Hannes und Toni kennen einander schon lange. Sie wuchsen in der Nachbarschaft auf, während Hannes vorwiegend bei seinen Großeltern lebte. „Hannes und ich sind Freunde seit der Zeit, als wir beide Buben waren", sagt Toni. Beide sind zwei waschechte Lungauer, gemeinsam in Tamsweg aufgewachsen, der Toni ein wenig älter als der Hannes. „Hannes war immer ein wenig anders, man könnte sagen, seiner Zeit voraus." Damit habe er sich natürlich nicht immer Freunde gemacht. „Er war ein guter Sportler, Snowboarder. Vor allem aber jemand, der immer unternehmerisch denkt. Ich erinnere mich an Hannes' Berliner Zeit, wo er so nebenbei einmal einen Laden mit regionalen Feinschmecker-Produkten aufmachte. So etwas macht der an einem Nachmittag …"

Toni erzählt, wie positiv er die Bekanntschaft mit Hannes empfand und dass Hannes jemand war, mit dem man Pferde stehlen konnte: „Ich organisierte eine Sportveranstaltung. Beachvolleyball, tausende Leute auf dem Marktplatz. Hannes schob Nachtwache und lernte in der Nacht für die Matura." Er habe immer selbstständig Dinge organisiert, ließ sich dabei auch nur ungern dreinreden. „Hannes war immer besonders ehrgeizig, er wollte in allen Dingen der Beste sein, er will es allen zeigen." Die beiden verstanden sich auch deshalb besonders gut, auch wenn ihre Wege sich irgendwann trennten – der Skilehrer mit dem Kurs auf Brüssel, der junge Trainer, der schon mit 20 seine ersten Kund*innen auf dem Weg zu Gesundheit und Glück begleitete und sein eigenes Unternehmen aufbaute.

„Der Hannes ist ein Einzelkämpfer, mittlerweile aber auch ein guter Netzwerker. Was er angreift, muss perfekter als perfekt sein." Das beinhalte auch das Risiko des Scheiterns. Doch wie heißt es in Amerika, aber leider nicht im Lungau: Man muss einfach einmal öfter aufstehen, als man niedergefallen ist. „Hannes ist ein Vorausdenker, einmalig in unserer Region, man könnte sagen, dass er hier gar nicht herpasst." Mittlerweile hat sich Toni ein wenig als älterer Berater, als eine Art Coach für Hannes etabliert. Beide schätzen aneinander die Naturverbundenheit und den Drang, in ihrem Leben Dinge voranzutreiben, an die andere noch nicht einmal denken.

Toni bemerkt, man würde uns Männern und Frauen des Westens fortwährend erzählen, wie sehr wir im Überfluss lebten. Dabei lebten wir in Wirklichkeit in einem Mangel. „Zu wenig Bewegung, falsche Ernährung mit einem Mangel an Genuss und Nährstoffen, zu wenig Energie, zu wenige Glücksmomente, schlicht gesagt: mehr vom Negativen als vom Positiven." Jahrzehntelang war „positiv" ja wirklich positiv besetzt. Seit Beginn der Pandemie hat sich in seiner Wahrnehmung einiges geändert. Niemand will positiv sein. Negativ ist das neue Positiv. „Ergebnis: positiv" ist etwas, das uns plötzlich vor Furcht lähmt vor dem, was da kommen könnte. Positiv ist negativ für die Prognosen hinsichtlich körperlicher Gesundheit, gesellschaftlichen Miteinanders und ökonomischer Prosperität. Heute ist es schön, wenn wenigstens der Kontostand positiv ist, wobei: Bei den mickrigen Bankzinsen ist das auch egal.

Tonis Vater ist kurz nach Pensionsantritt an Diabetes gestorben, danach schwor sich Toni, dass ihm das erstens niemals passieren solle und dass er zweitens Menschen helfen wolle, sich gesund und richtig zu ernähren und dabei, wie er es ausdrückt, „in die Fülle zu kommen". Im Lauf seines Lebens hat er einige Fitnessstudios gegründet, coacht Vorstände, spielt Lifestyle-Manager für alle möglichen Kund*innen. Er sagt, die Stoffwechselwerte werden bei den Menschen mit jedem Jahr schlechter. Man muss also erst wieder den Stoffwechsel in Schwung bringen, dann mit einem Training anfangen, nicht umgekehrt. Wie aber bringt man den Stoffwechsel in Schwung? „Das Mindset muss stimmen", sagt Toni. „Wir machen mit unseren Kunden einen Neujahrsputz und einen Frühlingsputz." Denn der Darm muss in Form gehalten werden. Dann beginnt der Körper wieder zu verbrennen. „Im Darm sitzen nicht nur Flora und Hormone", weiß Toni, „im Darm wird die Stimmung produziert und durch falsche Ernährung bringen wir das ganze Milieu durcheinander." Über das Thema hat Toni Klein Bücher geschrieben. „Nur Fleisch funktioniert nicht, aber Fleisch gehört dazu." Was wir auch wissen müssen: Jede Kultur hat eine spezifische Balance im Darm, die Sprache des eigentlichen Gehirns des Menschen. „Japaner vertragen keine Milch, ansonsten würde aber ihre Art der Küche, Stichwort Gemüse, den Europäern auch guttun."

Richtig gutes Essen und Bewegung machen stark, über dieses Prinzip können sich bloß Comic-Held*innen hinwegsetzen, wir normalen Erdbewohner*innen hingegen nicht. Vielleicht ist das der Grund, warum die Mannschaft des FC Red Bull Salzburg – Profis und Nachwuchs – mit Biokalb aus dem Lungau verpflegt wird.

Roswitha Prodinger

Roswitha Prodingers großes Herz

500 Jahre schon befindet sich der prächtige Bauernhof in Proding 3 im Familienbesitz, 18 Generationen haben hier gelebt, gewohnt, gearbeitet. Ein altes, bestens restauriertes Foto aus dem Beginn des vorigen Jahrhunderts zeigt das imposante weiße Wohngebäude, dahinter die hölzernen Stallungen sowie daneben den Troadkasten. Es hat sich einiges verändert in den vergangenen hundert Jahren, aber seine Würde hat der Hof nie verloren. Auch drinnen schlichte Wertigkeit der Möbel, tolle Tischlerarbeit, ein runder Tisch, an dem früher Handwerker Schuhe fabrizierten. Hier serviert uns Roswitha Prodinger eine Jause und selbstgemachten Ribiselsaft. Der Hof und der Ort bereiten sich auf das Erntedankfest vor, im Stall wartet bereits die imposante Erntekrone, aus kunstvoll gebundenen Ähren verschiedener Getreide und Zweigen.

Roswitha baut kein Getreide an, sondern Eachtlinge, das ist der hiesige Name für Kartoffeln. Die Lungauer Eachtlinge sind geschätzt und geachtet, wegen ihrer geschmacklichen Qualität und ihrer langen Haltbarkeit. Diese Kartoffeln verdanken ihre Güte den Böden und dem Klima, wenn wir über Wein schrieben, würden wir sagen: Terroir. Im Lungau ist der Winter bekanntlich hartnäckiger als in anderen Gegenden Österreichs. Die Böden sind weniger fest, weniger feucht, was der Existenz der Eachtlinge entgegenkommt. Auch werden die Kartoffeln nicht im Frühsommer, sondern im September geerntet. Roswitha bringt ihre Eachtlinge zu Kund*innen im ganzen Salzburger Land, ist aber selbst zu bescheiden, um einen ordentlichen Preis dafür zu verlangen. „Die Konkurrenz aus Niederösterreich ist einfach günstiger, damit müssen wir uns messen."

Hannes ist da naturgemäß anderer Meinung.
Die Bäuerin ist engagiert, arbeitet in der Vertre-
tung der Bezirksbauern in der Landwirtschafts-
kammer. Eigentlich, das muss hier gesagt sein,
sind die Kammer und die damit verbundenen
Organisationen keine Fans der unkonventio-
nellen Vorgehensweise und der straight aus-
gerichteten Wesensart des Hannes. Ein Bauer,
der teurer ist als die anderen, ein Bauer, der
sich selbst vermarktet. Das gefällt den meisten
nicht, vielleicht, weil sie dem Bergbauern seine
Courage neiden. Aber: Es ist halt nicht jeder
zum Boxer geboren.

Roswitha schätzt die Boxer-DNA an Hannes
Hönegger, obwohl selbst zurückhaltend und
eine Frau mit einem großen Herz, in dem alle
Platz haben: die Wirte, die konventionellen
Bauern, die Bio-Bauern, die Fremdenverkehrs-
burschen, die Fremdenverkehrsmädels, die
jungen und die alten Bauern aus der Region.
Sogar Hannes Hönegger hat in ihrem Herzen
Platz. Roswitha ist beseelt von der Idee, Kalb
und Rind unter einer gemeinsamen, regionalen Marke zu vermarkten. Sie verwendet
gerne Wörter wie „Fixkostendegression" und
„Markenaufbau".

Niki Kirchgasser

Obertauern brennt

Der sogenannte Tauernpass ist das einzige touristisch wirklich erschlossene und finanziell erfolgreiche Gebiet des Lungaus. Während sich zwischen St. Michael und Tamsweg einige wenige, manchmal recht liebenswerte, zumeist einfache Unterkünfte den bescheidenen Markt an Gästen aufteilen, und während die dortigen Touristiker*innen mit Prospekten auf Tourismusmessen um Bustourist*innen werben, steht in Obertauern Hotel neben Hotel, manches kleiner und bescheiden, vieles in Palastdimensionen. In den vergangenen Jahren wurde baulich einiges unternommen, die Skilifte und die Pisten befinden sich nicht nur in schneesicherer Höhe, sondern auch präparationstechnisch in Höchstform. Manche neue Hotelfassade wirkt wie ein futuristisches Alien neben den doch eher bieder anmutenden Lokalmatadoren, in denen die Zeit stehen zu bleiben scheint.

Seit den 60er-Jahren gilt das Skigebiet als It-Gegend für anspruchsvolle Wintersportler*innen. Wir sagen nur: Gamsleiten 2, eine Piste, die die Oberschenkelmuskeln zu Apfelmus macht. Die Saison dauert in Obertauern vom Dezember bis weit nach Ostern, genug für die Hoteliers, sich einen finanziellen Polster zu erwirtschaften, weicher als die Betten in der 5-Sterne-Kategorie, sodass sie im Sommer Ferien machen können.

Dann ist es ruhig in Obertauern, das geschlossene Hoteldorf auf dem Pass verströmt ein wenig die Atmosphäre von Stephen Kings „Shining". Da und dort hat eine Hütte offen und offeriert „Eierschwammerl mit Knödel". Da finden sich Motorradtourenfahrer ein, die auf ihren schweren Maschinen auf der Durchreise sind. Von den legendären Auftritten der Beatles in „Help" wissen sie vermutlich nichts. Die Fabulösen Vier drehten einen Teil des Films im winterlichen Obertauern und sollen sich auf Brettern und Schnee als besonders unbegabt erwiesen haben. Spaß hatten

sie allerdings eine Menge. Das berühmte Seekarhaus ist immer noch Pilgerstätte für Fans.

Im etwas weiter talwärts gelegenen Radstadt musste sich die Familie von Niki Kirchgasser das Geld auf andere Art verdienen, die Eltern betrieben einen Bauernhof. Die Oma konnte gut kochen. Der Vater brannte aus dem Obst, das am Hof wuchs, Schnäpse. „Er brachte mich auf den Geschmack, aber natürlich war die Technik damals noch nicht so ausgereift wie jetzt", erzählt Niki Kirchgasser, der mit seiner Frau Petra die höchstgelegene Brennerei des Landes führt, in einer prächtigen, blitzblank geputzten Destillerie, die ins schöne Holzambiente der „Alten Alm" eingearbeitet ist, wo die Kirchgassers Gastronomie für Skifahrer*innen und Après-Ski-Genießer*innen betreiben.

Niki ließ das Brennen niemals los. Einmal, es ist länger her, durfte er mit den besten Schnapsbrennern Österreichs ein Seminar machen. „Ich hatte ziemlich Schiss, aber sie waren alle nett zu mir." Niki saugte Wissen auf wie ein Schwamm, verfeinerte die Techniken, wo es möglich war. Schließlich wurde es eine neue Destillieranlage, die jetzt auf 1.638 Metern Seehöhe in Obertauern zu bewundern ist. Niki Kirchgassers Brände, Liköre und Geiste gehören zu den meistausgezeichneten in Österreich. Das Sammeln von Know-how und die Mühe haben sich also gelohnt für den passionierten Brenner. Petra teilt Nikis Leidenschaft. Beide sind auch dann in ihrer Brennerei anzutreffen, wenn auf dem Tauernpass noch Ruhe herrscht und die Destillerie ruhig vor sich hinarbeitet.

Was den Reiz der Alten Alm ausmacht, was viele Kund*innen in das etwas weiter abseits vom Trubel gelegene Lokal lockt, ist auch das Essen. Hier kommt Hannes Hönegger ins Spiel. „Wir haben einen Anspruch, und dem verdanken wir auch, dass wir im Winter viele Stammgäste haben. Was wir verkochen und servieren, braucht eine gewisse Qualität, sonst passt es nicht zu uns", erklärt Petra. Den Betrieb gibt es schon seit Ende der 50er-Jahre. Kirchgassers zählen zu Hannes' Kunden der ersten Stunde. „Wir wollten immer eine bessere Qualität und einen Bezug zur Landwirtschaft und zur Region. Wir haben nach den Rezepten von

der Großmutter gekocht, versucht, sie in die Speisekarte einzu-
bauen. Das war anfangs schwierig, weil vor zwanzig Jahren die
Gäste nicht so weit waren, wie ich es gehofft hatte." Die Gastgeber
Kirchgasser dachten beispielsweise, Pommes frites wären doch
etwas, worauf man verzichten könnte. Ihre Gäste waren anderer
Meinung. „Wir hatten immer Blattlkrapfen, das kann ja kaum
mehr jemand, oder Tafelspitz oder Apfelradeln. Das hat allerdings
am Tag nicht funktioniert. Da gab es dann Käsekrainer, mit Fleisch
von eigenen Kühen. Wir hatten damals Kraut und Knödel dazu,
die Gäste verlangten Pommes frites."

Niki Kirchgasser möchte frisch kochen, auf Convenience verzichten, sodass man die Kühlwagen von Bofrost seltener vor der
Alten Alm parken sieht als vor anderen Betrieben in den österreichischen Alpen, wo der Tiefkühl-Germknödel zur modernen
Folklore gezählt werden darf. Petra sagt: „90 Prozent der Zutaten,
mit denen wir kochen, kommen aus der Region, was auch nicht
gerade leicht zu bewerkstelligen ist."

In Anbetracht der kleinteiligen Landwirtschaft der Gegend und
der großen Mengen, die manche Gastronomiebetriebe benötigen,
ist es immer schwierig, sich ein Netzwerk aufzubauen. Die kleinen Landwirte, etwa die, die Käse produzieren, können die benötigten Mengen nicht liefern. Auch Speck zu kriegen ist schwierig.
Es sei einmal geplant gewesen, im Lungau Schweine zu züchten,
aber die Auflagen wären so kompliziert gewesen, dass man es
lieber habe bleiben lasen. Niki weiß, dass der Standort Obertauern seine Tücken hat: „Alles, was ein bisschen ausgefallen ist,
muss man den Gästen behutsam nahebringen. Der Lungau und
seine Landwirtschaft sind auf dem richtigen Weg und wir unterstützen das nach Kräften." Und weiter: „Hannes war sicher beim
Rindfleisch den anderen voraus, deshalb haben wir gleich begonnen, mit Lungaugold zu arbeiten. Wir haben selbst Ochsen, aber
nicht genug, und im Winter schaffe ich die Arbeit einfach nicht.
Hannes ist die Rettung der Alten Alm."

Die Echtheit dessen, was in der Flasche ist, und die Sehnsucht
danach, dass die Herkunft des Fleisches verlässlich angegeben

Niki Kirchgasser möchte frisch kochen, auf Convenience verzichten, sodass man die Kühlwagen von Bofrost seltener vor der Alten Alm parken sieht als vor anderen Betrieben in den österreichischen Alpen, wo der Tiefkühl-Germknödel zur modernen Folklore gezählt werden darf.

wird, beschäftigen Gäste und Wirte gleichermaßen. „Brand ist das Edelste und Teuerste, aber nicht alles, was als Brand verkauft wird, ist auch einer." Wenn der Klare im Glas zu günstig ist, handelt es sich eher um einen Geist als um einen Brand, das gilt als Faustregel beim Bestellen auf der Berghütte oder im Wirtshaus. Weil dieses Buch auch aufklärerische Wirkung haben soll, folgt hier ein kleiner Exkurs in die Welt des Destillierens, wo es eine Menge an Unterschieden gibt, woraus sich ergibt, dass es auch eine Menge an Möglichkeiten gibt, Gäste oder Kund*innen hinters Licht zu führen. (Übrigens: Beim Fleisch und in der Landwirtschaft ist es nicht anders.)

Niki gerät ins Schwärmen, wenn er vom wertvollsten Destillat spricht, dem Brand. „Ein echter Himbeerbrand ist so aufwendig herzustellen, weil ja der Alkohol nur aus der vergorenen Frucht kommt und keinerlei Zusätze erlaubt sind. Die Menge an Himbeeren, die es braucht, um so eine kleine Flasche von, sagen wir, einem halben Liter vollzumachen, ist enorm. Echter Himbeerbrand, da muss der Liter 300 oder 400 Euro kosten."

Obstbrand, auch Obstwasser genannt, ist ein Destillat aus Maische. In Frankreich wird dieses Destillat auch Eau de vie genannt, was sich international durchsetzen konnte. Bei der Gärung verwandelt sich der Fruchtzucker mithilfe der Hefe in Alkohol. Normalerweise hat die Maische des Obstbrandes nach der Gärung einen Alkoholgehalt von etwa 12 Volumenprozent.

Die Maische wird nach erfolgreicher Gärung von den festen Bestandteilen, also den Resten der Früchte, befreit, um dann destilliert zu werden. Den übrig bleibenden hefehaltigen Brei bezeichnet man als Treber oder auch Trester. Aus diesem wird dann durch eine weitere Destillation Tresterbrand oder Marc hergestellt. Das wohl bekannteste Beispiel für dieses Destillat ist der Grappa, der aus dem Trester von Weintrauben hergestellt wird.

Die Brände werden nach der Destillation gelagert, bis sie die gewünschte Reife haben. Man unterscheidet zwischen Bränden aus Kernobst, Steinobst und Beeren. Dabei ist auch unerheblich,

Die Menge an Himbeeren, die es braucht, um so eine kleine Flasche von, sagen wir, einem halben Liter vollzumachen, ist enorm. Echter Himbeerbrand, da muss der Liter 300 oder 400 Euro kosten.

ob die Kerne bzw. Steine bei der Destillation mitverarbeitet werden. Beispiele für Beerenbrände sind etwa Brombeere, Johannisbeere, Holunder oder Hagebutte.

Im Gegensatz zum Obstbrand werden für den Obstgeist Früchte oder Beeren mit geringem Zuckeranteil verwendet, da hier die Gärung nur mit dem Zusatz von Zucker erreicht werden kann. Daher werden für den Geist die Grundzutaten nicht gemaischt und nicht vergoren, sondern angesetzt. Das Prinzip des Ansetzens wird vielen bekannt sein. Bei dieser Methode werden die Aromen mithilfe neutralen Alkohols entzogen, sprich, es wird mit dem Verfahren der Mazeration gearbeitet. Nach einiger Zeit der Mazeration wird der alkoholische Ansatz destilliert, wodurch der Obstgeist entsteht. Auch hier spielt es keine Rolle, ob der Geist aus Kernobst, Steinobst oder Beeren hergestellt wird. Typische Vertreter der Geiste sind Himbeere, Mirabelle, Marille oder auch Schlehe.

Die Qualität des Neutralalkohols bestimmt auch die Qualität des Geistes. Niemand würde sagen, Geist sei minderwertiger im Vergleich zu einem Brand, wo dem Obst kein Alkohol hinzugefügt wird. Niemand würde auch sagen, das Fleisch von konventionell gehaltenen Tieren sei dem von Tieren aus biologischer Landwirtschaft geschmacklich unterlegen.

Iris Zitz

Der Liebe wegen

„Tempora mutantur
et nos mutamur
in illis.“

(Lungauer Bauernspruch)

Gegen Schnupfen hilft ein Balsam mit Engelwurz und Majoranöl, den man regelmäßig auf Nasenflügel und Stirn aufträgt. Wer unter Ekzemen und anderen Hautproblemen leidet, kann durch einen Balsam aus Stiefmütterchen Linderung erfahren. Wenn noch Lavendel und Ringelblume dazukommen, wirkt der Balsam noch besser. Wer gegen Deos aus der Drogerie einen Verdacht hegt, wegen der vielen Stoffe, die sich darin befinden, bereite sich selbst ein Deo aus Salbei, Wasser, Natron und Zitrone zu. Sie merken: Aus der Lektüre dieses Buches kann man mancherlei lernen.

Iris Zitz ist viel zu jung, um Kräuterhexe genannt zu werden, aber sie hat für ihre jungen Jahre das Wissen, das die meisten nicht einmal in mehreren Leben erwerben. Sie baut selbst Bergkräuter an, dazu hat ihr Mann ihr einen kleinen Kräutergarten gezimmert. Der Garten befindet sich am Bergbauernhof der Familie, den Iris, ihr Mann und seine Eltern bewirtschaften. Am Weg von Tamsweg Richtung Prebersee liegt der Hof der Familie Zitz, es geht steil bergauf, bei geringer Schneelage besteht bereits Schneekettenpflicht. Ein bestechend schöner Ort, was hauptsächlich Besucher*innen auffällt, die Familie hat sich an das Setting zum Beruf, den sie ausübt, schon gewöhnt. Zum 600 Jahre alten Hof gehören zehn Kühe, zwei Schweine, fünfzehn Hühner und gefühlte zwanzig wilde Hofkatzen. Ein bäuerliches Idyll wie in einem Heimatfilm, aber für die Familie alles andere als eine Wellnessoase. Die Wiesen sind so steil, dass sie mit der Sense gemäht werden müssen. Ruhetage gibt es keine. Die Familie ist klug und vermarktet ihre Erzeugnisse direkt. Was es gibt, wird in Tamsweg auf dem wöchentlich stattfindenden Bauernmarkt und im mit regionalen Produkten bestückten Bauernladen mit dem einladenden Namen

„Kemmts eina" verkauft: Bauernbutter, Topfen, Buttermilch, Milch, Rahmkoch, Marmeladen und Säfte, Schnäpse und Liköre, Käsknödel und Bauernkrapfen.

Iris war, wie sie erzählt, ein umtriebiges Mädchen. Wer in der Jugend Party gemacht hat, muss im späteren Leben nichts nachholen. Wie auch Hannes Hönegger konnte Iris es sich nicht wirklich vorstellen, im Lungau zu leben. „Die Liebe zur Gastronomie war mir in die Wiege gelegt. Schon mit dreizehn Jahren habe ich auf jeder Hochzeit im Service gearbeitet." Ein Beruf, den man an allen möglichen Orten der Welt ausüben kann. Iris ging als Praktikantin ins Hilton in Portsmouth, nachdem sie im Hochschober auf der Turracher Höhe den Beruf der Hotel- und Gastronomiefachfrau gelernt hatte. In England angekommen, wurde ihr klar: „Jetzt, wo ich aus dem Lungau raus bin, weiß ich, dass ich eigentlich nichts anderes will als wieder zurück in den Lungau."

Kurze Zeit später arbeitet sie im Hotel Wastlwirt an der Rezeption. Dann geht es ins Hotel der Mutter und des Stiefvaters, ein Betrieb, den Iris, wie sie sagt, „ohne jetzt überheblich klingen zu wollen, quasi auf Vordermann brachte, Umsätze steigerte, Renovierungen durchführte" und manches andere. Das Hotel führt Iris sechs Jahre, zwischendurch lernt sie ihren Mann kennen. Seiner Familie gehört der Hof, auf dem sie jetzt lebt und arbeitet. „Zuerst sagte ich: ‚Ich will niemals Bäuerin werden', aber wie das Leben spielt, sagte ich bald: ‚Ich freue mich auf meine Aufgabe als Bäuerin.'" Sie zieht am Bergbauernhof auf 1.300 Metern Seehöhe ein: „Der Liebe wegen."

Es war anfangs nicht immer leicht, sagt die
junge Bäuerin in Ausbildung: „Der Tourismus
und die Gäste gehen mir ab. Das Hotel meiner
Eltern lebt auch ohne mich weiter, aber das hier,
der Bauernhof, wäre ohne Bäuerin unvorstellbar. Und bei Gott, ich will nicht diejenige sein,
die die Kühe und das Lebenswerk von so vielen
Vorfahren aus egoistischen Gründen das letzte
Mal aus dem Stall austreibt."

Iris' Mann habe übrigens keine Sekunde lang
von ihr verlangt, auf dem Hof seiner Eltern mitzuarbeiten. Es wäre ihm auch nicht gut bekommen, denn Iris ist, nach eigener Beschreibung,
„sehr selbstständig und emanzipiert und eine,
die sich nicht gerne etwas sagen lässt". Nein,
es war die Liebe, die sie auf den Hof zog, die
schon einige Zeit währende Liebe zum Mann,
aber auch die neu entflammte Liebe zur Arbeit
mit Tieren, Jahreszeiten und der Natur. Erst als
der 600 Jahre alte Bauernhof zu ihrer Zufrieden-
heit umgebaut wird, können die Jungbauern
Iris und Andreas sagen, dass sie zu Hause angekommen sind. „Ich wäre nicht ich, wenn ich
bei der Neugestaltung des Teils des Hofs, in
dem wir wohnen, nicht meine eigenen Ideen
eingebracht hätte."

Die ersten Kinder kommen im Jahr 2015,
Valentina und Thomas. Wo Iris ist, vorher im
Hotel der Mama, später auf dem Bauernhof:
Die Kinder müssen keine Angst haben, dass die
Mutter Zuwendung und Zeit rationiert. Urlaub
oder Pause kennt sie deshalb nur mehr aus Er-
zählungen. Marie, das dritte Kind, kommt 2020
auf die Welt und Iris weiß, dass es schon elemen-
tarer Ereignisse bedürfte, um sie und ihre Kinder
aus ihrer Welt am Hof der Schwiegereltern zu

vertreiben. „Ich bin immer noch der Lehrling, auch beim Kochen, da zeigt die Schwiegermama alles vor. Im Stall helfe ich meinem Schwiegervater Sepp, er erkennt gleich, wenn eine Kuh vielleicht etwas kränkelt oder weniger als sonst isst. Ich gehe jeden Tag mit ihm mit in den Stall zur Unterstützung und lerne viel von diesem alteingesessenen Bauern." Neben der täglichen Arbeit besinnt sie sich auf das, was ihre Großmutter ihr einmal erzählt hat. Die Oma war, wie man freundlich sagt, eine Kräuterhexe. Sie kannte sich aus mit Bergkräutern und ihrer geschmacklichen Entfaltung zum Essen, noch mehr aber mit ihrer wohltuenden Wirkung.

„Und bei Gott, ich will nicht diejenige sein, die die Kühe und das Lebenswerk von so vielen Vorfahren aus egoistischen Gründen das letzte Mal aus dem Stall austreibt."

„Eines Tages", so Iris, „als ich schon einige Zeit oben am Berg gelebt habe, wandere ich über Wiesen und Felder und auf einmal fügt sich alles in meinem Kopf zusammen." Sie schaut nicht auf Berge und Täler, sondern auf die Wiese, sie unterscheidet Grün von Grün, Gras von Kräutlein. „Und ich habe die Liebe zu den Kräutern wiederentdeckt. Als Kind waren für mich die Salben und Hustensäfte und Einreibungen, die man von der Oma und der Mama bekommen hat, selbstverständlich und ich habe dem wirklich wenig Beachtung geschenkt. Eher vielleicht, dass ich das alles noch belächelt habe."

Aber wenn man selber Mama sei, so Iris, habe das Hausgemachte wieder Wert und Bedeutung. Auch brauchte sie als dreifache Mama ja ein Hobby, einen kalmierenden Gegenpart zum fordernden 24-Stunden-Tag mit Familie und Hof. „Früher war ich eher eine von der Sorte Partymaus und nonstop in der Weltgeschichte unterwegs. Aber das hat sich selbstverständlich und Gott sei Dank gelegt. Deswegen habe ich mich von der Mama in die Welt der Kräuter führen lassen, Kurse besucht und so weiter. Und da das Ganze wirklich watscheneinfach ist und so eine Salbe wirklich schnell gerührt ist, habe ich auch noch einen Kräuterblog entwickelt." Man findet ihn unter www.burggerhof.at.

Natürlich sind Kräuter das, was die Natur am Berg dem Menschen schenkt. Aber nur wer achtsam und mit einem Mindestmaß an Vorwissen über die Wiesen wandert, profitiert von diesen Präsenten. Arnika, Quendel, Dost, Ringelblume, Malve, Johanniskraut,

Frauenmantel, Augentrost, Kamille, Bergschnittlauch, Wilder Kümmel, alles ist da, es ist ein Füllhorn, nicht nur für die äußere Anwendung, sondern auch für alle, die damit kochen wollen.

Wie es sich ergibt, wenn einer oder eine mit etwas anfängt und wenn das zum richtigen Zeitpunkt und mit dem richtigen Angebot geschieht, wächst die Nachfrage schneller als die Kräuter im Garten. „Das Hobby ist aber auch im letzten Jahr etwas ausgeartet", stellt Iris fest, „weil einfach auch unsere Kunden den Wert des Selbstgemachten und der Natur wieder zu schätzen wissen."

„Im Allgemeinen liebe ich an unserem kleinen und feinen Hof, dass wir alle Kühe beim Namen kennen", schwärmt Iris, „Der Stall hat, glaube ich, schon bessere Zeiten gesehen, der wäre dringend neu zu bauen. Wegen unserer steilen Lage ist die Arbeit hier oben nicht so einfach. Wir müssen alle Felder mit der Mähmaschine oder mit der Sense mähen und mit der Hand heuen." Bauern und Bäuerinnen als Teil alpiner Kultur, wenn es sie nicht gibt, gibt es diese Kulturlandschaft auch nicht mehr. „Viele Zukunftspläne müssen erst geschmiedet werden. Aber wir fühlen uns innovativ und jung. Und wir haben einen Willen."

Der Wille und die Konsequenz sind es, was Iris und Hannes zu Seelenverwandten macht. „Bewundernswert finde ich an ihm, dass er es einfach tut. Er tut, was ihm in den Kopf fällt." Aber da ist noch etwas, was sie an unserem Bio-Bergbauern beeindruckt: „Er hatte hier im Lungau durch sein vorheriges Leben nicht den besten Ruf. Und ich bin mir sicher, dass nicht jeder dann auch in den Lungau zurückkommt und sich diesen Tratschweibern aussetzt. Denn jeder kennt hier jeden, jeder weiß es besser, und schlechte Nachrichten laufen schneller durchs Volk als die guten."

Wie sich die beiden jungen Landwirte eigentlich kennengelernt haben, das war jedenfalls nicht bei der Arbeit im Stall oder beim Heuen, sondern um einiges früher. „Ich weiß es nicht mehr genau. Ich schätze mal, das war noch in meiner wilden Partymaus-Zeit." Wie Falco schon über die Partys im Lungau festgestellt hat: „Wer sich erinnern kann, war nicht dabei."

Hannes Hönegger

Blick nach vorne und Danksagung

Ganz oft wird mir die Frage gestellt, was ich eigentlich will. Erwartet wird hier natürlich immer die Antwort: „Wachsen – mehr, weiter, größer." Doch da muss ich leider enttäuschen, denn genau das ist nicht mein Ziel. Lungaugold muss klein und fein bleiben, ein Unternehmen, das für höchste Qualität steht. Sobald wir am Tromörthof mehr als zehn Rinder pro Woche schlachten würden, wäre das unserem Konzept entgegengesetzt.

Ich habe ein klar definiertes Ziel, das mit Wachstum nur am Rande zu tun hat: Ich will meiner Familie, insbesondere meinen Kindern, unter dem Dach „Lungaugold" einen schönen Ort mit einem gemeinsamen Spirit ermöglichen. Eine Mission, in der jeder Platz findet. Ein Platz für jedes Talent, vom Buchhalter bis zur kreativen Verkäuferin. Ich habe auch ein Vorbild: Immer wenn ich zu einem unserer Top-Kunden komme, Döllerers Genusswelten, fällt mir als Erstes eines auf: Egal, in welche Ecke des Imperiums man blickt, einen oder eine Döllerer findet man überall. Ob es die Tante Marianne ist, die schon frühmorgens ihre Kaspressknödel mit viel Liebe zubereitet, oder Andreas und Christl Döllerer selbst, die jeden ihrer Gäste persönlich begrüßen. Im Weinhandel Raimund und Christian, dazwischen erblickt man jede Menge an Nachwuchs. Genau davon träume ich. Und dafür stehe ich täglich zu einer Zeit auf, zu der es noch wehtut, und gehe bereitwillig erst kurz vor dem Aufstehen ins Bett.

Umso dankbarer bin ich meiner Familie für ihren Rückhalt und ihr Vertrauen in meine Vision! Meine Lebensgefährtin Jenny begleitet mich nun seit über zehn Jahren auf unserem gemeinsamen Weg. Ich danke ihr für ihre Skepsis, ihre Vorsicht und ihre Standhaftigkeit. Unsere Kinder Sophia, Luis und Hanna haben dank ihr eine wunderschöne Kindheit, wohlbehütet und voller

Liebe. Enorm dankbar bin ich auch meiner Mutter Roswitha und
genauso meinen Großeltern, die es oft wirklich nicht einfach
hatten mit mir und trotzdem an mich glauben.

Grundlage dafür, dass ihr unser Fleisch in dieser Perfektion genießen könnt, ist die Tatsache, dass wir mit Hannes Brugger den
besten Metzger weit und breit in unserem Team als Betriebsleiter
benennen dürfen. Sein Talent, seine Sensorik und sein handwerk-
liches Geschick machen Lungaugold zu dem, was es ist.

Ein besonders großer Dank gilt auch dem renommierten Brandstätter Verlag, der mir als „Herausgeber No Name" dieses Projekt
ermöglicht hat. Durch diese Kooperation habe ich die Chance,
mit Alexander Rabl (Autor) und Joerg Lehmann (Fotograf) zusam-
menarbeiten zu dürfen. Aus Zusammenarbeit ist echte Freundschaft entstanden und ich bezeichne beide als Herzensmenschen
mit enormen Fähigkeiten in ihren jeweiligen Bereichen. Ich liebe
Perfektion – beide machen das, was sie tun, perfekt und mit ent-
sprechend viel Leidenschaft. Gemeinsam haben wir viel vor –
da könnt ihr euch sicher sein.

Den Rezeptgeber*innen, die ich zu einem großen Teil zu meinen
Kund*innen zählen darf, danke ich für den gemeinsamen Weg.
Wir werden diese Welt ein kleines Stück weit besser machen und
unsere Gäste noch lange mit bestem Fleisch aus bester Herkunft
verwöhnen. Sie sind Freund*innen, Berater*innen, Förderer*innen
und Forderer*innen.

Vieles wäre ohne unsere Kund*innen und die Konsument*innen
unserer besonderen Produkte nicht möglich. Ich bin glücklich,
dass es täglich mehr Menschen werden, die darüber nachdenken,
was sie essen und welchen Weg sie einschlagen! Ihr motiviert
mich immer aufs Neue und dafür danke ich jeder und jedem
Einzelnen von euch.

Lungaugold muss klein und fein bleiben, ein Unternehmen, das für höchste Qualität steht.

Österreichisches Deutsch

Apfelkren: Sauce aus Äpfeln und Meerrettich
Apfelradeln: Apfelspalten in Backteig, Apfelräder
Ausbacken: kurz für → herausbacken

Backhendl: paniertes Hühnchen
Backrohr: Backofen
Bahö: Aufsehen, Wirbel
Beinschinken: geräucherter, gekochter Knochenschinken
Beuschel: a) Lunge, b) aus Lunge sowie Zunge und Herz zubereitetes Gericht
Blattlkrapfen: in heißem Fett frittierte salzige Hefeteigstücke
Brat-Reine: Bräter
Brösel: kurz für → Semmelbrösel

Eachtlinge: Herkunftsbezeichnung für im Bezirk Tamsweg angebaute Kartoffeln
Eierschwammerl: Pfifferlinge
Erdäpfel: Kartoffeln
Erdäpfelschmarren: Beilage aus gestampften gekochten Kartoffeln, Mehl und (nicht immer) Eiern, der Teig wird gebraten und dann in Stücke zerteilt
Essiggurkerl: Gewürzgurke

Faschieren: durch den Wolf drehen
Faschiertes: Hackfleisch
Fisolen: grüne Bohnen
Fleischhauer: Fleischer
Frittaten: in dünne Streifen geschnittene salzige Eierkuchen

Gelbe Rübe: Die in Österreich verwendeten gelben Rüben sind in Deutschland kaum bekannt und nicht zu verwechseln mit den in Teilen Deutschlands als gelbe Rüben bezeichneten → Karotten
Germknödel: große, dampfgegarte Hefeteigklöße mit süßer Füllung (Zwetschgenmus)
Grammeln: Grieben
Grießnockerl: Grießklößchen
Gurkerl: Gewürzgurke

Handelsakademie: höhere Handelsschule
Hendl: Huhn
Hendlhaxe: Hühnerkeule

Jagatee: Tee mit Gewürzen und Hochprozentigem
Jause: kleine Mahlzeit
Jungzwiebel: Frühlingszwiebel

Karotte: Möhre
Käsekrainer: würzige Würstchen mit Käsestücken
Kaspressknödel: kleine gebackene Knödel, deren Teig neben → Knödelbrot auch geriebenen Käse enthält
Kemmts eina: Kommt herein!
Knödelbrot: getrocknete Weißbrot- oder Semmelwürfel mit Rinde
Kraut: Kohl
Kren: Meerrettich

Lochschöpfer: Sieblöffel
Lungenbraten: Filet

Marille: Aprikose
Matura: Abitur
Mehl, glatt: in Österreich viel verwendetes Mehl, fein gemahlen (die Ausmahlgrade sind in Österreich anders als in Deutschland); geeignet z. B. für Massen und Mehlteige, durch Mehl Type 405 zu ersetzen
Mehl, griffig: gröber gemahlenes Mehl, am ehesten mit Dunstmehl vergleichbar; geeignet z. B. für Knödel und Kartoffelteig
Metzger: Fleischer
Metzgerei: Fleischerei

Nocke: kleine ovale Form, wird meist mit einem Löffel ausgestochen

Obers: Sahne
Ochsenschlepp: Ochsenschwanz

Palatschinke: Eierkuchen
Rahm: Sahne, Abkürzung für → Sauerrahm oder → Obers

Rasten: ruhen
Ribisel: Rote Johannisbeere
Rind(s)suppe: klare Rinderbrühe
Ripperl: Rippen
Rohr: Abkürzung für → Backrohr
Rote Rübe: Rote Bete

Sauerrahm: saure Sahne
Schinkenschöberl: Suppeneinlage aus Mehl,
    Eiern und Schinken, wird im Ofen auf
    dem Blech gebacken und dann in Stücke
    geschnitten
Schlagobers: Sahne
Schnürlregen: gleichmäßiger, langandauernder
    Regen, „es regnet in Strippen"
Schöpfer: Suppenkelle
Schwammerl: Pilze
Schwarzbrot: Mischbrot
Seehöhe: Höhe über dem Meeresspiegel
Semmel: Brötchen
Semmelkren: Beilagensauce aus in Rinderbrühe
    eingeweichten Brötchen und Meerrettich
Stauben: stäuben
Sudern: jammern
Süßerdäpfel: Süßkartoffeln

Tafelspitz: traditionelles österreichisches Gericht
    aus gekochtem Rindfleisch (Hüftdeckel)
Topfen: Quark
Topfenpalatschinken: Eierkuchen mit Quark
Tratschweib: abwertender Ausdruck für Frauen,
    die den Smalltalk pflegen
Troadkasten: Kornspeicher
Tschick: Zigarette

Versprudelt: verquirlt
Volksschule: Grundschule

Watscheneinfach: sehr einfach

Zerkugeln: sehr heftig lachen, vor Lachen platzen

Liebe Leser*innen!

Wir sagen Danke, dass Sie uns mit auf Ihre Lesereise mitgenommen haben. Viele weitere Abenteuer, aufregende Geschichten und unverwechselbare Geschenkideen finden Sie auf unserem Abenteuerspielplatz

WWW.BRANDSTAETTERVERLAG.COM

Lassen Sie sich inspirieren!
Bleiben wir in Verbindung! Wir freuen uns auf Ihre Anregungen, Wünsche und Kritiken.

Christian Brandstätter Verlag GmbH & Co KG
Wickenburggasse 26, 1080 Wien
leserbrief@brandstaetterverlag.com
Tel: +43 (0) 1 512 15 43-256

#goldeneskalb #wenigerfleisch

1. Auflage
Alle Rechte vorbehalten
Copyright © 2022 by Christian Brandstätter Verlag, Wien

Papier: GardaPat 150g, 1,1fach

Designed in Austria, printed in the EU

ISBN 978-3-7106-0588-8

Herausgeber: Hannes Hönegger
Konzept: Hannes Hönegger, Alexander Rabl
Texte & Interviews: Alexander Rabl
Fotografie: Joerg Lehmann
Grafik: Anna Haerdtl, Bureau A/O
Coverfoto: Adobe Stock / svetlanais
Coverillustration: vectorstock / Andrii Oliinyk
Lektorat: Thomas Hazdra
Lektorat Rezepte: Else Rieger

Wir tragen Verantwortung

Der Inhalt dieses Buchs wurde auf hochwertigem, FSC©-zertifiziertem Papier gedruckt.
Das Forest Stewardship Council® ist eine internationale Nichtregierungsorganisation, die weltweit eine umweltfreundliche, sozial gerechte und wirtschaftlich tragfähige Bewirtschaftung der Wälder fördert.
Die Druckerei ist FSC©- und PEFC™-zertifiziert, regelmäßige Audits erfolgen im Rahmen der internationalen Umweltmanagementnorm ISO 14001 (Nr. 35025/C/0001/UK/En).
Diese international anerkannten, unabhängigen und regelmäßig überprüften Standards gewährleisten eine umweltgerechte, sozial verträgliche, nachhaltige und ökonomisch tragfähige Nutzung entlang der gesamten Wertschöpfungskette Holz, vom Baum bis zum Buch.